"十三五" 高等职业教育计算机类专业规划教材

Flash CS5 动画制作

孔邵颖 沙继东 郭宏亮 主编

中国铁道出版社有限公司

CHINA RAILWAY PUBLISHING HOUSE CO., LTD.

内 容 简 介

本书采用"任务驱动式"的教学模式，以二维动画制作的基本原理、方法和技能为基础，选择了适合初学者和动画设计爱好者的实际任务和典型案例，并从基础任务到挑战任务，再到终极任务，由易至难、循序渐进地进行内容编排。全书共 8 章，主要内容包括基础知识、逐帧动画、形状补间动画、动作补间动画、遮罩动画、引导线动画和声音、按钮及简单脚本的应用等。最后一章给出了三个综合应用实例。

本书理论联系实际，注重培养学习者分析问题和解决问题的能力，适合作为高等职业院校二维动画设计与制作相关课程的教材，也可作为社会培训机构的指定用书及广大二维动画爱好者的参考用书。

图书在版编目（CIP）数据

Flash CS5 动画制作/孔邵颖，沙继东，郭宏亮主编. —北京：中国铁道出版社，2016.8（2020.12 重印）

"十三五"高等职业教育计算机类专业规划教材

ISBN 978-7-113-22115-7

Ⅰ. ①F… Ⅱ. ①孔… ②沙… ③郭… Ⅲ. ①动画制作软件－高等职业教育－教材 Ⅳ. ①TP391.41

中国版本图书馆 CIP 数据核字(2016)第 177598 号

书　　名：Flash CS5 动画制作	
作　　者：孔邵颖　沙继东　郭宏亮	
策　　划：翟玉峰	编辑部电话：（010）83517321
责任编辑：翟玉峰	
编辑助理：李学敏	
封面设计：付　巍	
封面制作：白　雪	
责任校对：汤淑梅	
责任印制：樊启鹏	

出版发行：中国铁道出版社有限公司（100054，北京市西城区右安门西街 8 号）

网　　址：http://www.tdpress.com/51eds/

印　　刷：北京建宏印刷有限公司

版　　次：2016 年 8 月第 1 版　　　　2020 年 12 月第 4 次印刷

开　　本：787 mm×1 092 mm　　1/16　印张：16　字数：384 千

印　　数：5 001～5 400 册

书　　号：ISBN 978-7-113-22115-7

定　　价：39.80 元

　　"Flash 动画制作"是一门实践性较强的课程，在掌握二维动画制作基本原理、方法和技能的基础上，特别要提高学习者自主学习的能力和分析问题、解决问题的能力；进而培养严谨、求实、创新的学习态度，成为可持续发展的实用型人才。

　　本书在介绍基础知识的前提下，主要内容包括逐帧动画、形状补间动画、动作补间动画、遮罩动画、引导线动画和声音、按钮及简单脚本的应用六个部分，各部分内容以任务的方式呈现，任务是教与学的核心，通过完成任务达到掌握知识的目的，又培养了学生动手实践的能力。最后一章为综合应用，其中提供了三个动画实例，每个实例至少运用了三章所学的知识制作完整的动画效果。

　　本书根据学习者自主学习需要，采用"任务驱动式"的教学模式编写，除第 1 章和第 8 章，每章均设计了学习目标、相关知识、学习任务、本章小结以及拓展练习等栏目。学习任务从学习者自身实际的学习情况出发，按难易程度分为基础任务、挑战任务和终极任务三个级别，每个学习任务均提供主题内容、涉及知识点和实现步骤三个学习活动，从而帮助读者由易至难、由简单到复杂地理解与掌握所学知识。

　　本教材配套的《Flash 动画制作》网络课程（网址：http://202.111.181.165:8080/）获得 2014 年吉林省高校教育技术成果二等奖，2015 年被评为国家开放大学精品课程。网络课程按照国家精品课程建设的要求，遵循远程教育规律，以现代教育理论为指导，运用先进的教育技术，高起点、高质量、全方位进行课程教学设计，争取在学习环境的构建、网络教学技术的应用、教学方法的改革等方面达到一流水平。

　　学习者可以通过网络课程首页开始自己的学习历程。"学习指南"中了解本单元的目的要求，学习相关知识以及重难点内容的视频；"学习任务"中能够观看各级别任务的演示教学视频。初学者可以选择基础任务，有一定基础后选择挑战任务，基础较好的读者可以选择终极任务。各任务中包括任务主题、演示效果、视频讲解、任务步骤以及每一步骤对应的示范、指导和提示。在此基础上，配合公告区、信息区、帮助区、服务区、实践区功能模块，达到更好的学习、交流和反馈的效果。网络课程首页提供手机版二维码，智能手机扫描后可以进入课程移动端进行学习。本书配套的课件及相关素材均可以从网站上下载。

　　本书由吉林广播电视大学孔邵颖副教授、长春职业技术学院沙继东副教授、吉林农业大学郭宏亮副教授担任主编。编写组成员为孔邵颖、沙继东、郭宏亮、朱伟民、高兴臣、曹智、邵珠贵。书中第 1、2 章由沙继东、朱伟民编写；第 3、4、5、6 章由孔邵颖、曹智、邵珠贵编写；第 7、8 章由郭宏亮、高兴臣编写。吉林广播电视大学刘延昕、霍天枢、董玮参加了教材编写的辅助工作。

由于时间仓促，编写组成员水平有限，难免存在疏漏与不妥之处，敬请广大读者和专家批评、指正。

教材编写组

2016 年 1 月

目 录

第①章

学习目标：

- 了解 Flash 的发展历史；
- 了解 Flash 的用途并掌握 Flash 动画原理；
- 掌握 Flash 中的基本概念；
- 熟悉 Flash 中的快捷键以及工作环境；
- 熟练掌握 Flash 中工具的用法。

1.1　Flash 简介

1. 发展历史

Flash 是美国的 Macromedia 公司（已于 2005 年被 Adobe 公司收购）推出的优秀的动画设计软件。它是一种交互式动画设计工具，用它可以将图片、声音、视频、动画以及富有新意的界面融合在一起，制作出高品质的动画效果。Flash 简单易学，容易上手，即使不经过专业训练，通过自学也能制作出很好的 Flash 动画作品。使用 Flash 制作出来的动画是矢量的，无论放大、缩小都不会影响画面质量，而且播放文件很小，便于在互联网上传输。它采用了流技术，只要下载一部分，就能欣赏动画，而且能一边播放一边输送数据。Flash 有很多重要的动画特征：能实现较好的动画效果；Flash 的人机交互性可以让观众通过单击按钮或选择菜单来控制动画的播放；用户还可以建立 Flash 电影，把动画输出为多种不同的文件格式，便于播放。正是有了这些优点，才使 Flash 日益成为网络多媒体的主流。

Flash 动画发展迅猛，出乎很多人的意料，到目前为止已经推出了多个升级版本。这一优秀的矢量动画编辑工具给人们带来了强有力的冲击，使人们能够将丰富的想象力变成动画效果展示出来。

2. 主要用途

Flash 用途广泛，主要包括：

（1）影视动画、短片制作；

（2）电子杂志制作；

（3）教学课件制作；

（4）商业广告制作；

（5）宣传短片制作。

在 Flash 动画中配合脚本的使用，可以实现更广阔的应用：

（1）互动类产品开发；

（2）播放器、留言板、相册系统、触摸系统等产品的开发；

（3）Flash 网站的开发；

（4）Flash 网络游戏的开发；

（5）基于 Web 平台的 Flash 项目开发。

3. 动画原理

人体的视觉器官，在看到的物象消失后，仍可暂时保留视觉的印象。经科学家研究证实，视觉印象在人的眼中大约可保持 0.1 s 之久。如果两个视觉印象之间的时间间隔不超过 0.1s，那么前一个视觉印象尚未消失，而后一个视觉印象已经产生，并与前一个视觉印象融合在一起，就形成视觉残（暂）留现象。

Flash 动画正是利用人们眼睛的视觉残留印象，通过快速播放多个连续的帧画面形成动画效果。

Flash Professional CS5 是目前 Flash 使用较广泛的版本。本书将以此版本为环境进行 Flash 的讲解。

4. 基本概念

（1）舞台：用来布置动画角色（如图片、元件、视频等）的区域，它的尺寸大小是 Flash 文件的初始大小。

（2）时间轴：用于组织和控制 Flash 文档中的动画角色显示的时间，也可以指定舞台上各图形的分层顺序。时间轴的主要组件是图层、帧和播放头。图层列在时间轴左侧的列中。每个图层都包含若干个帧，用以存放 Flash 中的动画角色。位于较高图层中的动画角色显示在较低图层中的动画角色的上方。时间轴顶部的时间轴标题指示帧编号。播放头指示当前在舞台中显示的帧。播放 Flash 动画时，播放头从左向右通过时间轴中的每一帧。当前时间轴状态显示在时间轴的底部，它指示所选的帧编号、当前帧频以及到当前帧为止的运行时间。

（3）帧：Flash 中最小的时间单位是帧。Flash 中的帧分为以下三类：

① 普通帧：将关键帧的状态进行延续，一般是用来将元素保持在场景中。

② 关键帧：任何动画要表现运动或变化，至少前后要给出两个不同的关键状态，而中间状态的变化和衔接由 Flash 自动完成。在 Flash 中，表示关键状态的帧称为关键帧。关键帧以实心的圆表示。

③ 空白关键帧：在一个关键帧中不添加任何对象，这种关键帧被称为空白关键帧。空白关键帧以空心的圆表示。

（4）元件：在 Flash 中可以反复使用的对象，存放在"库"面板中。元件分为三类：

① 影片剪辑元件：构成 Flash 动画的一个片段，能独立于主动画进行播放。影片剪辑可以是主动画的一个组成部分，当播放主动画时，影片剪辑元件也会随之循环播放。

在 Flash 影片中的影片片段，有自己的时间轴和属性。影片剪辑元件具有交互性，是用途最广、功能最多的部分。它可以包含交互控制、声音以及其他影片剪辑的实例，也可以将其放置在按钮元件的时间轴中控制动画按钮。

② 按钮元件：用于创建动画的交互控制按钮，以响应鼠标时间（如单击、释放等）。按钮有 up、over、down、hit 4 个不同状态的帧，可以分别在按钮的不同状态帧上创建不同的内容，

既可以是静止图形，也可以是影片剪辑，而且可以给按钮设置命令，使按钮具有交互功能。

③ 图形元件：它是可反复使用的图形，可以是影片剪辑元件或场景的一个组成部分。图形元件是含 1 帧的静止图片，是制作动画的基本元素之一。

（5）"库"面板：用于显示 Flash 文档中的媒体元素列表的位置，如元件、视频、声音、图片等。

5. Flash CS5 的新特性

（1）Deco 工具：它具有一些扩展的富有表现力的选项，可以帮助用户轻松、自动地创建复杂的图案和装饰。

（2）文本工具：它已经被彻底革新，用以支持更复杂的布局，比如多栏和文本绕行。

（3）弹簧：一个物理模拟选项，用于利用反向运动学创建动画。

（4）代码片段：一个新面板，为项目提供了准备就绪的 ActionScript 代码，并提供了保存以及与其他人共享代码的方式。

（5）用于外部加载视频的实时视频预览。

（6）运行的 XML 文件格式：它展示了 Flash 文件资源，并使得开发人员团队更容易处理单个文件。

6. Flash CS5 的新功能

针对 Flash 设计人员，增强了代码易用性方面的功能，比如增加了一个新的"代码示例面板"来帮助设计师轻松生成和学习代码。

代码编辑器继续增强，很多开发人员熟知但在之前的 Flash IDE 中没有体现的功能将被增加进来，包括自定义类的导入和代码提示，支持 ASDoc，让用户在 Flash IDE 中编码以体验 Flash Builder 的感觉。

针对设计师，增加了新的 Flash Text Layout Framework，包含在"文本布局"面板中，并且增强了 Deco-brush 喷涂功能。

交互效果更加方便，在 Flash CS5 中可以方便地为用户自动添加需要的代码。例如创建一个影片剪辑，需要对其进行拖动，选择后就会自动添加所要的代码。

文本处理更加明显，更强大的文本引擎，能够处理更好的 TLF 文本。

1.2 快捷键大全

在 Flash 中经常会用到各种工具以及快捷键，可以极大提升动画制作的工作效率。下面将为大家介绍常见工具以及常用的快捷方式。

1.2.1 常用工具

常用工具如表 1-1 所示。

表 1-1 常用工具及其快捷键

工 具 名 称	快 捷 键	工 具 名 称	快 捷 键
箭头工具	【V】	部分选取工具	【A】
线条工具	【N】	套索工具	【L】

续表

工 具 名 称	快 捷 键	工 具 名 称	快 捷 键
钢笔工具	【P】	文本工具	【T】
椭圆工具	【O】	矩形工具	【R】
铅笔工具	【Y】	画笔工具	【B】
任意变形工具	【Q】	填充变形工具	【F】
墨水瓶工具	【S】	颜料桶工具	【K】
滴管工具	【I】	橡皮擦工具	【E】
手形工具	【H】	缩放工具	【Z】、【M】

1.2.2　常用的菜单命令

常用的菜单命令如表 1-2 所示。

表 1-2　常用的菜单命令及其快捷键

菜 单 命 令	快 捷 键	菜 单 命 令	快 捷 键
新建 Flash 文件	【Ctrl+N】	打开 Flash 文件	【Ctrl+O】
关闭	【Ctrl+W】	保存	【Ctrl+S】
另存为	【Ctrl+Shift+S】	导入	【Ctrl+R】
发布	【Shift+F12】	退出 Flash	【Ctrl+Q】
撤销命令	【Ctrl+Z】	复制到剪贴板	【Ctrl+C】
粘贴剪贴板内容	【Ctrl+V】	粘贴到当前位置	【Ctrl+Shift+V】
全部选取	【Ctrl+A】	剪切帧	【Ctrl+Alt+X】
复制帧	【Ctrl+Alt+C】	粘贴帧	【Ctrl+Alt+V】
清除帧	【Alt+Backspace】	选择所有帧	【Ctrl+Alt+A】
编辑元件	【Ctrl+E】	放大视图	【Ctrl++】
缩小视图	【Ctrl+-】	100%显示	【Ctrl+1】
全部显示	【Ctrl+3】	显示/隐藏时间轴	【Ctrl+Alt+T】
显示/隐藏工作区以外部分	【Ctrl+Shift+W】	显示形状提示	【Ctrl+Alt+H】
转换为元件	【F8】	新建元件	【Ctrl+F8】
新建空白帧	【F5】	新建关键帧	【F6】
添加形状提示	【Ctrl+Shift+H】	组合	【Ctrl+G】
取消组合	【Ctrl+Shift+G】	打散分离对象	【Ctrl+B】
分散到图层	【Ctrl+Shift+D】	播放/停止动画	【Enter】
测试影片	【Ctrl+Enter】		

1.3　工作环境

安装 Flash CS5 后，可以通过"开始" | "程序" | "Adobe Flash Professional CS5"命令打开软件。Flash CS5 的主界面见图 1-1。

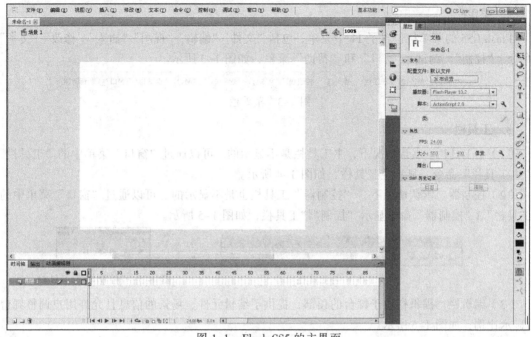

图 1-1　Flash CS5 的主界面

在 Flash CS5 的主界面中，位于主界面最上面的是菜单栏和标题栏；主界面的最右侧是工具箱，包括 Flash CS5 中常用的工具；工具箱的左侧是浮动面板。主界面的底部是时间轴和动画编辑器面板。

1. 开始页

开始页由"从模板创建""新建""学习""打开最近的项目""扩建"五部分内容组成，如图 1-2 所示。

图 1-2　开始页

2. 菜单栏

Flash CS5 的菜单栏包含了 11 个菜单，包括 "文件" "编辑" "视图" "插入" "修改" "文本" "命令" "控制" "调试" "窗口" 和 "帮助" 菜单，如图 1-3 所示。

图 1-3　菜单栏

3. 工具栏

（1）主工具栏。默认情况下，主工具栏是不显示的。可以通过 "窗口" 菜单中的 "工具栏" | "主工具栏" 命令，显示主工具栏，如图 1-4 所示。

（2）控制器。默认情况下，"控制器" 工具栏也是不显示的。可以通过 "窗口" 菜单中的 "工具栏" | "控制器" 命令显示 "控制器" 工具栏，如图 1-5 所示。

图 1-4　主工具栏　　　　　　　图 1-5　"控制器" 工具栏

（3）编辑栏。编辑栏位于舞台的顶部，提供了编辑元件、场景的信息且允许用户调整舞台的显示比例，如图 1-6 所示。

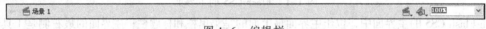

图 1-6　编辑栏

4. 时间轴

时间轴主要包括图层、帧和播放头。可以通过 "窗口" 菜单中的 "时间轴" 命令，显示 "时间轴" 面板，如图 1-7 所示。

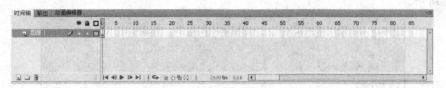

图 1-7　"时间轴" 面板

5. 场景与舞台

场景是指 Flash 工作界面的中间部分，即整个白色和灰色的区域，它是动画制作的工作区域。在场景中的白色区域称为舞台，是布置对象角色的区域。Flash 中各种动画活动都发生在舞台上。场景中的灰色区域部分称为工作区，放置在工作区上的动画角色，在发布后的动画中是看不到的。

6. 工具箱

工具箱中包含了制作动画所需的各种工具，可以通过 "窗口" 菜单中的 "工具" 命令显示工具箱，如图 1-8 所示。

图 1-8　工具箱

7. 常用的面板

面板是 Flash CS5 界面的重要组成部分，不同的面板能够实现各自特定的功能，在制作 Flash 动画中，面板的作用不可或缺。下面介绍几种常见的面板。

（1）"属性"面板。"属性"面板见图 1-9。

① 发布：设置发布属性，可以设置使用哪个版本的 Flash 影片播放器发布影片以及采用哪个版本的脚本。

② FPS：每秒钟播放多少帧。默认的帧频为 24 fps（帧/秒）。

③ 大小：设置舞台的大小，以像素为单位。默认的舞台大小为 550 像素×400 像素。

④ 舞台：设置舞台的背景色。

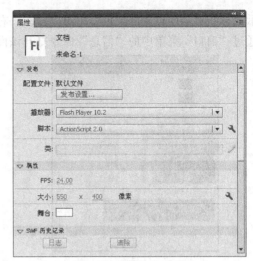

图 1-9　"属性"面板

"属性"面板将根据所选择的对象而发生相应属性的变化。

（2）"动作"面板。"动作"面板创建和编辑对象或帧的 ActionScript 代码，可以通过"窗口"菜单中的"动作"命令打开该面板，如图 1-10 所示。

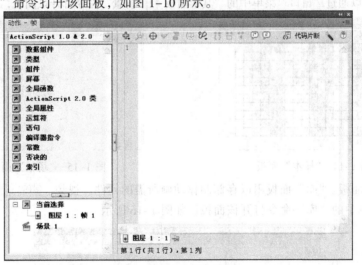

图 1-10　"动作"面板

（3）"对齐"面板。"对齐"面板根据一系列预置的标准来对齐对象，可以通过"窗口"菜单中的"对齐"命令打开该面板，如图 1-11 所示。

（4）"颜色"面板。"颜色"面板创建 HSB、RGB 或十六进制代码的颜色，并可保存到样本面板中。可以通过"窗口"菜单中的"颜色"命令打开该面板，如图 1-12 所示。

（5）"信息"面板。"信息"面板为用户提供了通过数字更改选定对象的尺寸和位置的方法。在"信息"面板的底部提供了鼠标指针当前所处位置的相关信息，左下角显

图 1-11　"对齐"面板

示鼠标指针当前位置的颜色（RGB 模式），右下角则显示鼠标指针当前位置的精确定位，可以通过"窗口"菜单中的"信息"命令打开该面板，如图 1-13 所示。

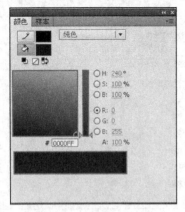

图 1-12　"颜色"面板

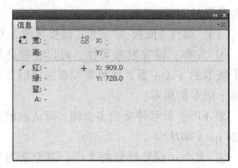

图 1-13　"信息"面板

（6）"样本"面板。"样本"能帮助用户从当前的调色板中编辑颜色，可以通过"窗口"菜单中的"样本"命令打开该面板，如图 1-14 所示。

（7）"场景"面板。"场景"面板为用户提供了在场景之间切换、重命名场景、添加场景和删除场景等功能，可以通过"窗口"菜单中的"其他面板"|"场景"命令打开该面板，如图 1-15 所示。

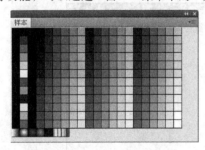

图 1-14　"样本"面板

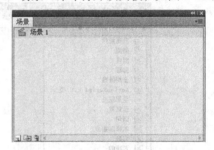

图 1-15　"场景"面板

（8）"库"面板。"库"面板用以存储制作动画所需的元件、视频、声音、图片等，可以通过"窗口"菜单中的"库"命令打开该面板，如图 1-16 所示。

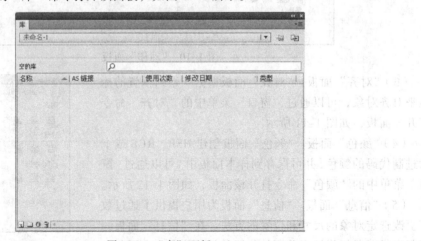

图 1-16　"库"面板

8. 标尺、网格和辅助线

（1）标尺。通过"视图"菜单中的"标尺"命令可以打开标尺，如图 1-17 所示。如果要隐藏标尺，重复执行一次上述命令即可。

（2）辅助线。如果显示了标尺，可以将水平和垂直辅助线从标尺拖动到舞台上。可以移动、锁定、隐藏和删除辅助线，也可以使对象贴紧至辅助线，更改辅助线颜色和贴紧容差。通过"视图"菜单中的"辅助线"的相应命令可以进行辅助线的相关操作，如图 1-18 所示。

图 1-17　打开标尺

（3）网格。通过"视图"菜单中的"网格"|"显示网格"命令，可以打开网格，如图 1-19 所示。如果要隐藏网格，重复执行一次上述命令即可。

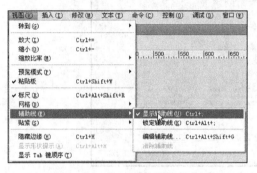

图 1-18　关于辅助线的操作

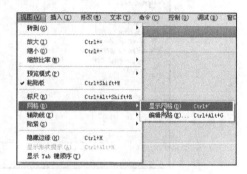

图 1-19　"显示网格"命令

1.4　文件操作

1.4.1　新建文件

新建 Flash 文件的方法：

（1）启动 Flash CS5，在开始页中单击"新建"栏中的　"ActionScript 3.0"选项即可新建一个 Flash 文件，如图 1-20 所示。

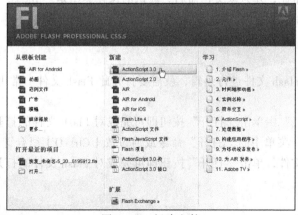

图 1-20　新建文件

（2）在"主工具栏"中单击"新建"按钮，也可以创建一个"ActionScript 3.0"的 Flash
文件。

（3）选择"文件"菜单中的"新建"命令或按【Ctrl+N】组合键，打开"新建文档"对话
框，选择"常规"选项卡中的"ActionScript 3.0"选项，单击"确定"按钮即可新建一个 Flash
文件，如图 1-21 所示。在"新建文档"对话框中还有"模板"选项卡，用户可以在"模板"
选项卡中有针对性地选择相应的模板进行设计。

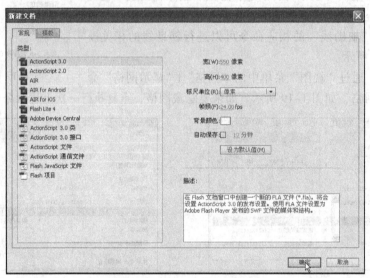

图 1-21　"新建文档"对话框

1.4.2　保存文件

在 Flash 作品制作过程中，为避免软件或计算机出现异常时 Flash 文件的数据丢失，需要随
时保存文件。常用的保存 Flash 文件的方法如下。

（1）在"主工具栏"中单击"保存"按钮即可完成对 Flash 文件的保存。

（2）选择"文件"菜单中的"保存"命令或通过按【Ctrl+S】组合键。如果用户之前并未
保存过此文档，那么将弹出"另存为"对话框，在 Flash 软件中首次保存文档都显示"另存为"
对话框，选择保存的路径，并为该文档命名，默认的保存类型是".fla"，单击"保存"按钮即
可完成对 Flash 文件的保存。

1.4.3　打开文件

如果要对已有的 Flash 文件进行编辑，就需要打开此 Flash 文件。常用的打开 Flash 文件的
方法如下。

（1）在"主工具栏"中单击"打开"按钮即可完成对 Flash 文件的打开。

（2）选择"文件"菜单中的"打开"命令或通过按【Ctrl+O】组合键，弹出"打开"对话
框，找到需要打开的文件，单击"打开"按钮即可完成对 Flash 文件的打开。

1.4.4　关闭文件

如果已经完成对动画文件的编辑，需要关闭当前的动画文件时，常用的关闭 Flash 文件的

方法如下：

（1）关闭当前文档。首先要将当前的动画文件保存，然后选择"文件"菜单中的"关闭"命令或通过按【Ctrl+W】组合键或单击文档窗口左上角的"关闭"按钮将其关闭。

（2）退出软件。首先要将当前的动画文件保存，然后选择"文件"菜单中的"退出"命令或通过按【Ctrl+Q】组合键或单击 Flash CS5 软件窗口右上角的"关闭"按钮退出 Flash CS5。

1.4.5 测试影片

在 Flash 动画制作过程或完成动画制作后，需要对动画进行效果测试，这就是通常所说的发布动画。对于动画文件的测试，最简单的方法就是按【Ctrl+Enter】组合键或选择"控制"菜单中的"测试影片"命令，即可测试并浏览动画效果，还将在保存源文件的目标文件夹下生成一个扩展名为.swf 的文件。

1.5　绘图介绍

1.5.1 矢量图和位图

计算机能以矢量图或位图格式显示图像。

（1）矢量图。矢量图使用直线和曲线来描述图形，这些图形的元素是一些点、线、矩形、多边形、圆和弧线等，它们都是通过数学公式的计算获得的。矢量图形最大的优点是无论放大、缩小或旋转等都不会失真；最大的缺点是难以表现色彩层次丰富的逼真图像效果。其特点有以下 4 个方面。

① 文件小，图像中保存的是线条和图块的信息，所以矢量图形文件与分辨率和图像大小无关，只与图像的复杂程度有关，图像文件所占的存储空间较小。

② 对图形进行缩放，旋转或变形操作时，图形不会产生锯齿。

③ 可采取高分辨率印刷，矢量图形文件可以在任何输出设备（打印机）上以打印或印刷的最高分辨率进行打印输出。

④ 矢量图无限放大也不会失真。

矢量图最大的缺点是难以表现色彩层次丰富的逼真图像效果。

（2）位图。位图图像是由称作像素的单个点组成的，这些点可以进行不同的排列和染色以构成图样。位图和分辨率有关，因为描述图像的数据被固定到特定大小的像素中，当放大或缩小位图时会使图形的显示效果失真。其特点有以下两个方面。

① 只要有足够多的不同色彩的像素，就可以制作出色彩丰富的图像，逼真地表现自然界的景象。

② 缩放和旋转容易失真，同时文件较大。

1.5.2 绘图模式

Flash 的绘制模式有三种，这三种模式决定了舞台上的对象彼此之间的交互，为绘制图形提供了极大的灵活性。

（1）合并绘制模式。在这种模式下，使得多种形状看起来就像单个形状一样。如果移动或删除已经与另一种形状合并的形状，就会永久删除重叠的部分。

（2）对象绘制模式。在这种模式下，Flash 不会合并绘制的对象，甚至当它们重叠时也不会合并。要启用对象绘制模式，可选择工具，然后在"工具"面板的选项区域中单击"对象绘制"图标。

（3）基本绘制模式。当使用"矩形工具"或"椭圆工具"时，Flash 将把形状绘制为单独的对象。与普通对象不同的是，可以使用"属性"面板修改矩形的边角半径，以及修改椭圆的开始角度、结束角度和内径。

1.6　工具介绍

1.6.1　选取类工具

1. 选择工具

"选择工具"是最常用的绘图辅助工具，可以选择、移动和编辑对象。

（1）选择对象。单击工具箱中的"选择工具"按钮后单击需要编辑的对象，即选中了该对象，也可使用"选择工具"画一个矩形区域将要选择的对象框入其中，完成选择。

（2）移动对象。单击工具箱中的"选择工具"按钮后单击选中要移动的对象，拖动该对象至需要的位置，释放鼠标即可。

（3）编辑对象。使用选择工具可以改变线条或分离图像的形状。具体做法是单击工具箱中的"选择工具"按钮，然后将鼠标放置在相应的边上，拖动即可。

2. 部分选取工具

"部分选取工具"用于选择矢量图形上的节点，即以贝赛尔曲线的方式编辑对象的笔触。用"部分选取工具"选取对象上相应的节点后，按【Delete】键即可删除该节点。如果不删除，此时选中节点并拖动即可改变图形的形状。

3. 任意变形工具

通过使用"任意变形工具"可以改变图形的基本形状。具体做法是单击工具箱中的"选择工具"按钮后选中需要编辑的对象。然后单击工具箱中的"任意变形工具"，此时在工具箱的下端选项区中会有四个功能提供选择，分别是"旋转与倾斜""缩放""扭曲"和"封套"功能，可以根据变形要求选择相应的功能，然后选中对象上的控制柄对对象的形状进行调整即可。

4. 3D 旋转工具

使用"3D 旋转工具"可以在 3D 空间中旋转影片剪辑实例。这样通过改变实例的形状，使之看起来与观察者之间形成某一角度，从而产生立体效果。

单击工具箱中的"3D 旋转工具"按钮后选中要设置的影片剪辑实例。在该影片剪辑实例上将会出现 3D 旋转控制。其中，X 轴为红色，Y 轴为绿色，Z 轴为蓝色，使用橙色的自由旋转控制可同时绕 X 和 Y 轴旋转。

5. 套索工具

利用"套索工具"可以精确地选择对象，并且可以选择对象的任意区域。如果要执行操作的对象是图像，需要在菜单栏中选择"修改"|"分离"命令，只有这样套索工具才会发生作用。当在工具箱中选择"套索工具"后，在工具箱中的选项区域会出现"魔术棒""魔术棒设置"和"多边形模式"三个功能选项。

"魔术棒"用于对位图处理。如果要选取位图中同一色彩，可以先设置魔术棒属性。单击"魔术棒属性"按钮，在弹出的"魔术棒设置"对话框中设置选项，"阈值"，输入一个介于 0 和 200 之间的值，用于定义将相邻像素包含在所选区域内必须达到的颜色接近程度。数值越高，包含的颜色范围越广。如果输入 0，则只选择与单击的第一个像素的颜色完全相同的像素。"平滑"，从下拉列表框中选择一个选项，用于定义所选区域边缘的平滑程度。当选择"多边形模式"时，选择区域后，双击会自动封闭图形。

1.6.2 绘图类工具

1. 钢笔工具

"钢笔工具"本身具有绘图的功能，可以绘制各种线条和任意形状的图形，同时也可以通过增加或删减曲线上的节点让一条曲线发生改变。

"钢笔工具"具有以下几种功能：

（1）绘制直线；

（2）绘制曲线；

（3）绘制一个封闭的图像；

（4）改变已有曲线的形状。

2. 文本工具

文本是动画中一个重要的组成部分。"文本工具"在动画制作中起到的作用是不言而喻的。Flash 中的文本包括静态文本、动态文本、输入文本。

静态文本：最常用的一种文本形式，在影片中加字修饰等基本都是用这一类文本，这一类文本的最终效果，取决于制作者在影片中的编辑。

动态文本：这一类也比较常用，这是可更新的一种文本形式，可借助脚本，实现文本的动态效果变化。

输入文本：可以由用户自己输入的文本。

文本的创建步骤为：

（1）在工具箱中单击"文本工具"按钮；

（2）在舞台上单击，即可输入文字；

（3）在"属性"面板中，可以修改文本的属性设置。

3. 线条工具

在 Flash 中，"线条工具"可以用来绘制矢量的直线线条。

（1）绘制线条的操作步骤如下：

① 在工具箱中单击"线条工具"按钮。

② 在舞台上单击并拖动鼠标到终点，释放鼠标后，在起点和终点之间就会生成一条直线。在拖动鼠标时，按住【Shift】键可以绘制与水平线成 45° 倍数角度的线条。

（2）设置线条属性。线条的属性主要有笔触颜色、笔触高度和样式等，可以通过"属性"面板进行设置。

4. 矢量图形工具

（1）矩形工具。单击"矩形工具"，在舞台上单击并拖动鼠标即可绘制一个矩形。按住

【Shift】键的同时拖动鼠标可绘制一个正方形。

（2）椭圆工具。使用"椭圆工具"可以绘制椭圆或圆。选择工具箱中的"椭圆工具"，在舞台中单击并拖动鼠标即可绘制一个椭圆。按住【Shift】键的同时拖动鼠标可绘制一个圆。

（3）基本矩形工具。基本矩形工具又称图元矩形工具，使用"基本矩形工具"可以绘制图元矩形。基本矩形工具操作方法与矩形工具相同。若要在使用基本矩形工具拖动鼠标绘制图形时更改角半径，可以通过按向上箭头键或向下箭头键调整。当圆角达到所需圆度时，释放鼠标即可。

（4）基本椭圆工具。基本椭圆工具也称为图元椭圆工具，使用"基本椭圆工具"可以绘制图元椭圆。基本椭圆工具操作方法与椭圆工具相同。

（5）多角星形工具。单击"多角星形工具"，在舞台中单击并拖动鼠标即可绘制一个多边形或星形。

多角星形工具可以设置"样式"为多边形或星形，设置"边数"范围为 3 ~ 32，设置"星形顶点大小"范围为 0 ~ 1 以指定星形顶点的深度，此数值越接近 0，创建的顶点就越深。如果是绘制多边形，应保持此设置默认（也就是数值为 0.50），它不会影响多边形的形状。

5. 铅笔工具

使用"铅笔工具"可以绘制任意线条和形状，就像用真正的铅笔绘图，但 Flash 会根据所选择的绘图模式，对线条自动进行调整，使之更笔直或平滑。选择工具栏中的"铅笔工具"，在舞台中单击并拖动鼠标即可绘制任意线条和形状。按住【Shift】键拖动鼠标可绘制垂直或水平方向的线条。

6. 刷子工具

"刷子工具"能绘制出刷子般的笔触，就像在涂色。它可以创建特殊效果，如书法效果。

7. Deco 工具

"Deco 工具"是装饰性绘画工具，使用该工具可以将创建的图形形状转变为复杂的几何图案。

当选择"Deco 工具"后，"属性"面板中默认的填充效果为"藤蔓式填充"，只要在舞台中单击，即可看到藤蔓图案以动画形式填充到整个舞台。如果选择该工具后在"属性"面板中更改叶和花的颜色值，单击即可得到不同色调的藤蔓图案。

选择"Deco 工具"，在"属性"面板中选择"网格填充"样式，在舞台中单击即可填充网格图案。

8. 骨骼工具

Flash 提供了一个全新的"骨骼工具"，可以很便捷的把原件连接起来，形成父子关系，来实现所说的反向运动。整个骨骼结构又称骨架。可以把骨架应用于一系列影片剪辑元件上，或者是原始向量形状上，这样便可以通过在不同的时间把骨架拖到不同的位置来操纵。

1.6.3 颜色填充类工具

1. 颜料桶工具

"颜料桶工具"用于填充未填色的轮廓线或者是改变现有色块的颜色，它的作用与"墨水瓶工具"恰好相反。

2. 滴管工具

如果需要给某个对象填充某种特定颜色时，而吸取的颜色很不规则，用一般的工具就难以确定要使用的颜色，这时候就可以使用"滴管工具"选取颜色。

1.6.4　查看类工具

1. 手形工具

在 Flash 动画的制作过程中，如果舞台设置显示比例较大，超出场景范围，可能无法看到整个舞台及其图像的边缘，此时可以利用"手形工具"移动舞台，方便用户查看编辑对象。手形工具无相应的"属性"面板和选项区域。

2. 缩放工具

在 Flash 场景中如果图形太小，就不能看清图形内容，并且无法编辑对象的细节；如果图形太大，则难以看到图形的整体，这时可以使用"缩放工具"来放大或缩小图形。

第②章

→ 逐 帧 动 画

学习目标：

- 掌握逐帧动画的基本原理；
- 掌握逐帧动画的文字制作方法；
- 掌握逐帧动画的连续图片导入制作方法；
- 掌握逐帧动画的逐帧绘画制作方法；
- 能够熟练制作逐帧动画。

2.1 相关知识

2.1.1 帧的概念

Flash 的主要功能是制作动画，动画实际是由多个帧组成的，播放动画就是依次显示每一帧中的内容。Flash 中，组成动画的每一个画面就是一个帧，也可以把帧看作是 Flash 动画中在最短的时间单位里出现的画面。帧越多，动画需要播放的画面也就越多，播放的时间也就越长。

2.1.2 帧的类型

在 Flash 的工作界面中，时间轴右方每一个小方格就代表一个帧，一个帧包含了动画中某个时刻的画面。帧是组成动画的基本单位，帧分为关键帧、空白
关键帧和普通帧。

关键帧主要用于定义动画的变化环节，是动画中呈现关键性
内容或变化的帧，关键帧中有一个静止的画面，它用一个黑色的
小圆圈表示，如图 2-1 所示。

图 2-1 关键帧

空白关键帧是没有内容的，主要用于在画面与画面之间形成间隔，它用空心的小圆圈表示，一旦在空白关键帧中创建了内容，空白关键帧就会变为关键帧，如图 2-2 所示。

一个个的小方格是普通帧，如图 2-3 所示。普通帧中的内容与它前面一个关键帧的内容完全相同，在制作动画时可以用普通帧来延长动画的播放时间。

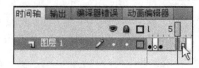

图 2-2 空白关键帧   图 2-3 普通帧

2.1.3　相关帧动画

事实上所有动画都是基于帧的，电视、电影也一样。每一帧就代表一张图片，后一张与前一张有细微的差别，通过这种连续播放形式，形成动态的影像，Flash 中的逐帧动画就是这样一个原理。

逐帧动画是一种常见的动画形式，通过连续的关键帧去分解动画的动作，也就是在时间轴中逐帧绘制不同的内容，使其连续播放而形成动画效果。

图 2-4 就是逐帧动画在时间轴上的表现形式，它是由多个连续的关键帧形成的。

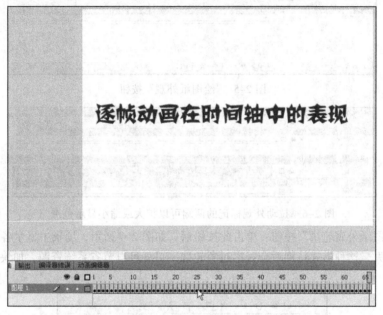

图 2-4　逐帧动画在时间轴上的表现形式

2.1.4　逐帧动画在时间轴上的表现形式

因为逐帧动画的帧序列内容是不一样的，所以不但给制作增加了任务负担，而且最终输出的文件也很大，但它的优势也很明显：逐帧动画具有非常大的灵活性，几乎可以表现我们想表达的任何内容。它类似于电影的播放模式，很适合于表演细腻的动画，如人物或动物急剧转身、头发及衣服的飘动、走路、说话以及精致的 3D 效果等。

在时间轴中绘制的帧内容称为逐帧动画。由于逐帧动画适合于图像在每一帧中都在变化而不仅是在舞台上移动的复杂动画。因此，逐帧动画文件大小增加的速度比补间动画要快得多。在逐帧动画中，Flash 会存储每个完整帧的值。

2.1.5　逐帧动画的创建方法

（1）通过导入静态图片的方式来建立逐帧动画。比如 jpg、png 等格式的静态图片的连续导入。

（2）通过导入序列图像。像 gif 序列图像以及 swf 动画文件等。

（3）通过绘制矢量的逐帧动画，比如用鼠标以及压感笔在场景中逐帧画出每一帧内容。

（4）通过文字制作逐帧动画。用文字作为每一帧的内容，实现文字跳跃、旋转等特效。

2.1.6 绘图纸介绍

绘图纸是一个帮助定位和编辑动画的辅助功能，对制作逐帧动画特别有用。通常情况下，Flash 在舞台中一次只能显示动画序列的单个帧。使用绘画纸功能后，就可以在舞台中一次查看两个或多个帧。绘图纸的各个按钮及其功能介绍如下。

（1）"绘图纸外观"按钮：单击此按钮后，如图 2-5 所示，在时间轴的上方出现绘图纸外观的标记。通过拉动该标记可以扩大或缩小显示范围，如图 2-6 所示。

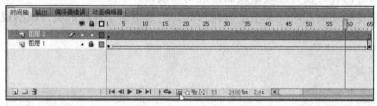

图 2-5 "绘图纸外观"按钮

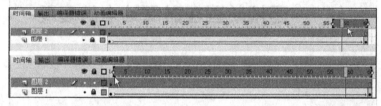

图 2-6 拉动外观标记的两端可以扩大或缩小显示范围

（2）"绘图纸外观轮廓"按钮：单击此按钮后，如图 2-7 所示，场景中显示各帧内容的轮廓线，填充色消失，这种形式特别适合观察对象轮廓，另外可以节省系统资源，加快显示过程，如图 2-8 所示。

图 2-7 "绘图纸外观轮廓"按钮

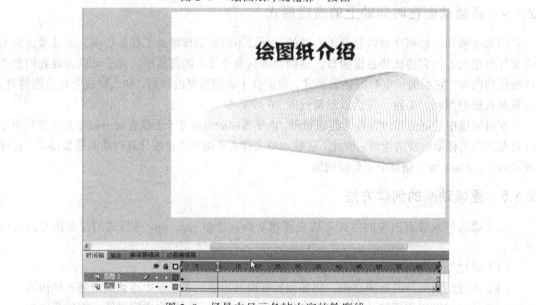

图 2-8 场景中显示各帧内容的轮廓线

（3）"编辑多个帧"按钮：如图 2-9 所示，单击该按钮后可以显示全部帧的内容，并且可以进行多帧同时编辑，如图 2-10 所示。

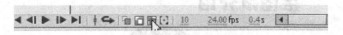

图 2-9 "编辑多个帧"按钮

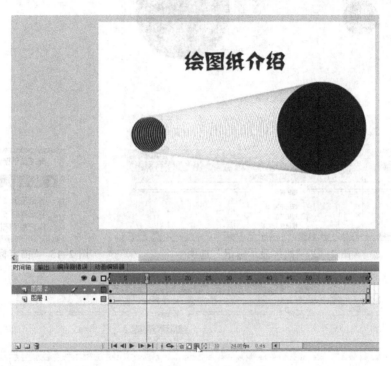

图 2-10 显示全部帧的内容

（4）"绘图标记"按钮：单击该按钮后，可以看到其内部有多个选项，如图 2-11 所示。其中，"始终显示标记"选项，它会在时间轴标题中显示绘图纸外观标记，无论绘图纸外观是否打开，如图 2-12 所示。"锚定标记"选项，该选项将绘图纸外观标记锁定在时间轴标题中的当前位置。通常情况下，绘图纸外观范围是和当前帧的指针以及绘图纸外观标记相关的。通过锚定绘图纸外观标记，可以防止它们随当前帧的指针移动，如图 2-13 所示。"标记范围 2"选项会在当前帧的两边各显示 2 个帧，如图 2-14、图 2-15 所示。"标记范围 5"选项会在当前帧的两边各显示 5 个帧，如图 2-16 所示。"标记整个范围"选项会在当前帧的两边显示全部帧，如图 2-17 所示。

图 2-11 "绘图标记"按钮

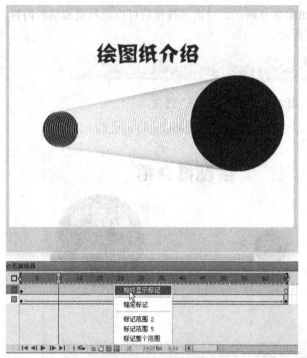

图 2-12　"始终显示标记"选项　　　　　　图 2-13　"锚定标记"选项

图 2-14　"标记范围 2"选项

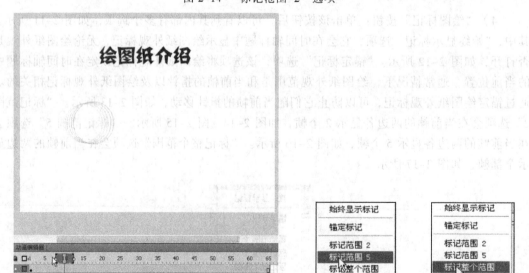

图 2-15　在当前帧的两边各显示 2 个帧

图 2-16　"标记范围 5"选项　　　图 2-17　"标记整个范围"选项

2.1.7　帧的基本操作

（1）创建关键帧的方法

① 按快捷键【F6】键。

② 选择"插入"菜单中的"时间轴"|"关键帧"命令实现关键帧的插入，如图 2-18 所示。

③ 在想要插入关键帧的位置右击，选择"插入关键帧"命令，如图 2-19 所示。

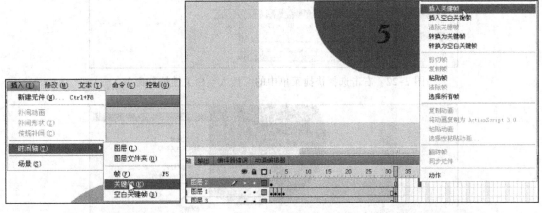

图 2-18　选择"关键帧"命令　　　　图 2-19　右击快捷菜单中的"插入关键帧"命令

（2）创建空白关键帧的方法

① 按快捷键【F7】键。

② 如果前一个关键帧中有内容，选中要插入空白关键帧的帧，如图 2-20 所示，选择"插入"菜单中的"时间轴"|"空白关键帧"命令，如图 2-21 所示。

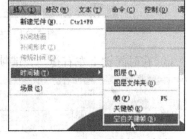

图 2-20　选中要插入空白关键帧的帧　　　图 2-21　"空白关键帧"命令

③ 如果前一个关键帧中没有内容，直接插入关键帧即可得到空白关键帧。

④ 在需要插入空白关键帧的位置右击，在弹出的快捷菜单中选择"插入空白关键帧"命令，如图 2-22 所示。

（3）创建普通帧的方法

① 按快捷键【F5】键。

② 在需要插入帧的位置右击，在弹出的快捷菜单中选择"插入帧"命令，如图 2-23 所示。

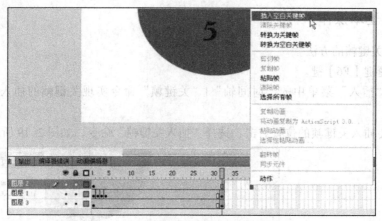

图 2-22　右击选择快捷菜单中的"插入空白关键帧"命令

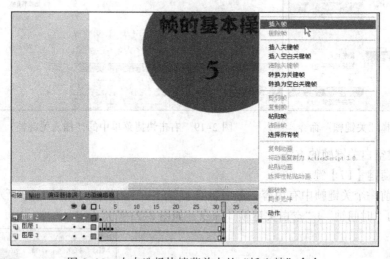

图 2-23　右击选择快捷菜单中的"插入帧"命令

③ 在时间轴上左右拖动关键帧的方式插入普通帧，如图 2-24 所示。

图 2-24　左右拖动关键帧

（4）选择帧

要编辑帧，首先必须选中帧，在 Flash 中既可以选择单帧，也可以选择多帧，其具体操作如下。

① 在时间轴中单击要选择的帧格可以选中单帧，如图 2-25 所示。

图 2-25　选中单帧

② 若要选择连续的多帧，可先选中第一个帧，然后按住【Shift】键单击需选择的最后一个帧，这样就选择了连续的多个帧，如图 2-26 所示。另外，也可在第一个帧中按下鼠标左键向最后一个帧所在的位置拖动，当全部选中释放鼠标左键，如图 2-27

所示。

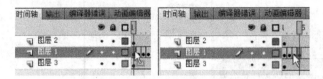

图 2-26 选择连续的多帧　　　　图 2-27 拖动选择连续的多帧

③ 选择不连续的多帧，可先选中第一个帧，然后按住【Ctrl】键的同时单击其他需要选择的帧即可，如图 2-28 所示。

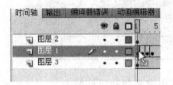

图 2-28 选择不连续的多帧

④ 单击图层区中的某一图层名称可以选中该层所有的帧，如图 2-29 所示。

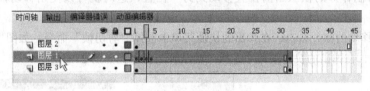

图 2-29 选择所有帧

（5）复制帧

在制作 Flash 时常常需要制作几个完全相同的帧，这时不必一帧一帧地制作，只需要制作一帧，然后将该帧复制即可，其具体操作如下。

① 选中要复制的帧并右击，如图 2-30 所示，在弹出的快捷菜单中选择"复制帧"命令，如图 2-31 所示。

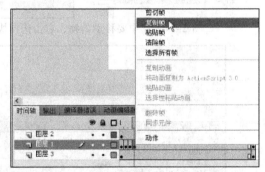

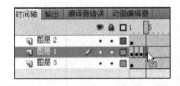

图 2-30 选中被复制的帧　　　　图 2-31 右击选择快捷菜单中的"复制帧"命令

② 在目标帧上右击，在弹出的快捷菜单中选择"粘贴帧"命令，如图 2-32 所示。即可将复制的帧及其内容复制到目标帧上，如图 2-33 所示。

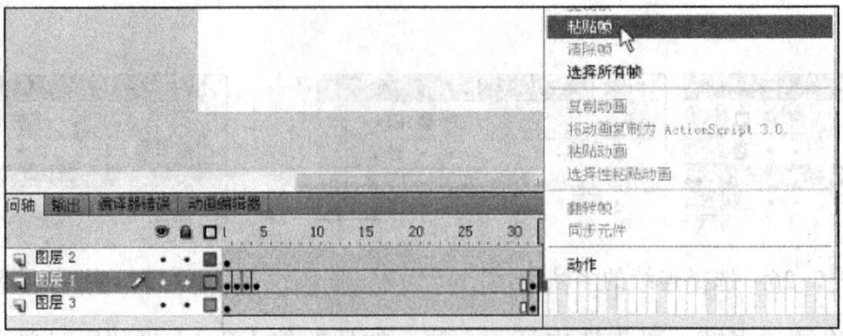

图 2-32　右击选择快捷菜单中的"粘贴帧"命令

图 2-33　将复制的帧及其内容复制到目标帧上

（6）移动帧

有时需要将制作好的帧从当前位置移动到另一位置，这时就可以使用移动帧操作，具体的方法有两种。

① 选中要移动的帧并右击，在弹出的快捷菜单中选择"剪切帧"命令，如图 2-34 所示。然后在目标帧右击，在弹出的快捷菜单中选择"粘贴帧"命令，如图 2-35 所示。

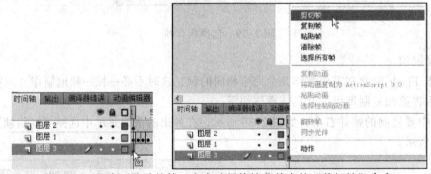

图 2-34　选中要移动的帧，右击选择快捷菜单中的"剪切帧"命令

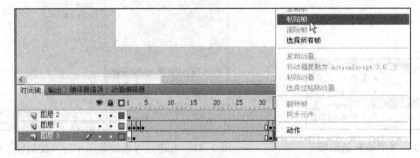

图 2-35　右击选择快捷菜单中的"粘贴帧"命令

② 选中要移动的帧，如图 2-36 所示。按住鼠标左键拖动至需要的位置即可，如图 2-37 所示。

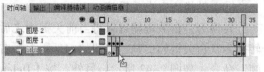

图 2-36 选中要移动的帧　　　　　图 2-37 单击并拖动到需要放置的位置

在时间轴中选中某一帧并右击,在弹出的快捷菜单中包括"删除帧""清除关键帧""转换为空白关键帧"等命令,如图 2-38 所示。这几个命令可以删除帧或帧中的对象,下面分别介绍它们的作用。

（7）删除帧

删除帧的方法是:选中要删除的帧并右击,在弹出的快捷菜单中选择"删除帧"命令,如图 2-39 所示,即实现了帧的删除操作。

（8）清除关键帧

清除关键帧可以将关键帧转化为普通帧,其方法是:选中要清除的关键帧并右击,在弹出的快捷菜单中选择"清除关键帧"命令,如图 2-40 所示。

图 2-38 快捷菜单

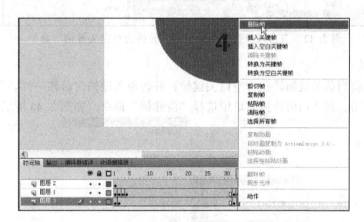

图 2-39 右击选择快捷菜单中的"删除帧"命令

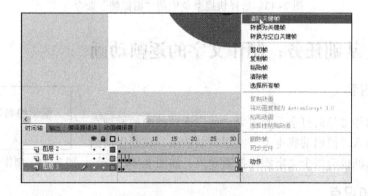

图 2-40 右击选择快捷菜单中的"清除关键帧"命令

（9）转换为空白关键帧

转换为空白关键帧可以将当前关键帧之后的关键帧转换为空白关键帧。其方法是：选中要转换为空白关键帧的帧，如图 2-41 所示，右击并在弹出的快捷菜单中选择"转换为空白关键帧"命令，如图 2-42 所示。另外，按【Delete】键也可以将关键帧转换为空白关键帧。

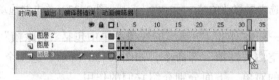

图 2-41　选中要转换为空白关键帧的帧

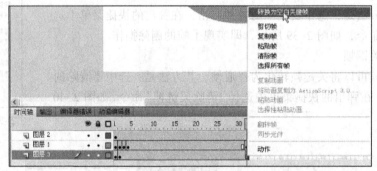

图 2-42　右击选择快捷菜单中的"转换为空白关键帧"命令

（10）清除帧

清除帧可以将当前关键帧转化为空白关键帧，并将原关键帧向后移一位。其方法是：选中要清除的帧并右击，在弹出的快捷菜单中选择"清除帧"命令，如图 2-43 所示。

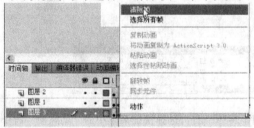

图 2-43　选择快捷菜单中的"清除帧"命令

2.2　基础任务：制作文字的逐帧动画

2.2.1　主题内容

本任务将制作常见的打字动画效果。运用逐帧动画的原理在每个关键帧中插入"悄悄的我走了"实现动画效果，在制作动画效果的同时利用滤镜为每个文字添加投影效果，如图 2-44 所示。

图 2-44　制作文字的逐帧动画

2.2.2　涉及知识点

步骤 1：创建影片文档

知识点：影片文档的创建。

步骤 2：输入文本并设置属性

知识点：文本工具的使用、选择工具的使用、文字的输入及属性设置。

步骤 3：设置文字的滤镜效果

知识点：选择工具的使用、滤镜效果的添加。

步骤 4：插入关键帧

知识点：关键帧的插入、文本工具的使用、文字的输入。

步骤 5：测试存盘

知识点：测试的方法、Flash 源文件的保存、影片播放文件的导出。

2.2.3　实现步骤

步骤 1：创建影片文档

打开 Flash 软件，在开始页中单击"新建"栏的"ActionScript 3.0"选项，新建一个影片文档，如图 2-45、图 2-46 所示。

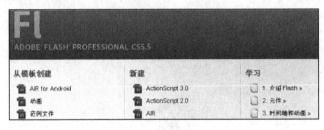

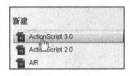

图 2-45　开始页　　　　　　　　　　　　　　　　图 2-46　"新建"栏

步骤 2：输入文本并设置属性

在工具箱中单击"文本工具"，在舞台中央偏左的地方输入文字"悄"，如图 2-47 所示。单击"选择工具"选中文字，如图 2-48 所示。设置文字属性，如图 2-49 所示。其中字体为黑体，文字大小为 30 点，颜色为黑色，如图 2-50 所示。

步骤 3：设置文字的滤镜效果

使用工具箱的"选择工具"选中舞台上的文字"悄"，在"属性"面板中找到"滤镜"，单击左下角的"添加滤镜"按钮，在弹出的下拉菜单中选择"投影"命令，为文字添加投影效果，如图 2-51 所示。

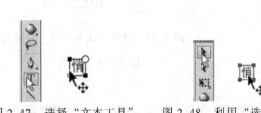

图 2-47　选择"文本工具"　　　图 2-48　利用"选择工具"　　　图 2-49　设置文字的

并输入文字"悄"　　　　　　　选中文字　　　　　　　　　　"字体"属性

图 2-50　设置文字的"大小"和"颜色"属性　　　　图 2-51　为文字添加投影效果

步骤 4：插入关键帧

第 2 帧位置右击，在弹出的快捷菜单中选择"插入关键帧"命令，如图 2-52 所示。选择工具箱中的"文本工具"，在第一个"悄"字的右侧输入文字"悄"，如图 2-53 所示。

图 2-52　选择"插入关键帧"命令　　　图 2-53　选择"文本工具"并输入第二个文字"悄"

按照以上的操作步骤，依次在第 3 帧、第 4 帧、第 5 帧、第 6 帧处插入关键帧，输入并设置文字"的""我""走""了"四个字，如图 2-54～图 2-57 所示。

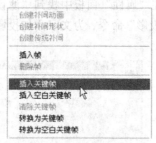

图 2-54　右击选择快捷菜单中的　　　　　图 2-55　选择"文本工具"并输入
　　　　"插入关键帧"命令　　　　　　　　　　第三个文字"的"

步骤 5：测试存盘

选择"控制"菜单中的"测试影片"|"测试"命令，如图 2-58 所示，观察动画效果，如图 2-59 所示。选择"文件"菜单中的"另存为"命令，将动画保存为 Flash 源文件，如图 2-60

所示。另外，还可以选择"文件"菜单中的"发布设置"命令，将动画保存为影片播放文件，如图 2-61 所示。

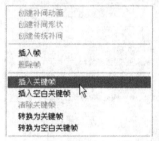

图 2-56 右击选择快捷菜单中的
"插入关键帧"命令

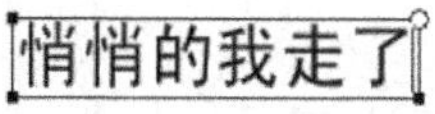

图 2-57 输入并设置后三个文字
"我""走""了"

图 2-58 选择"测试"命令

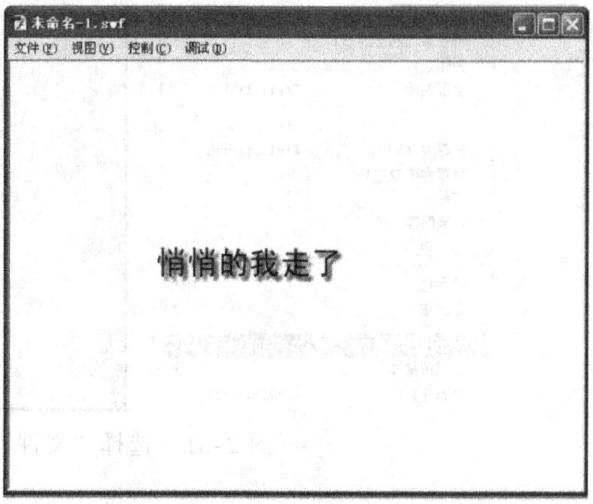

图 2-59 动画效果

图 2-60 选择"文件"菜单中的"保存"命令

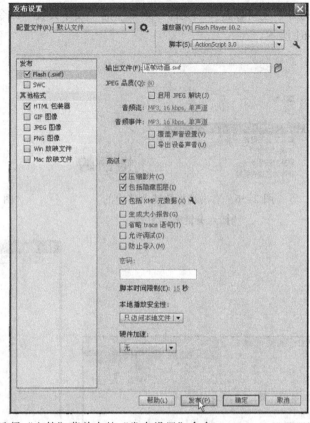

图 2-61 选择 "文件" 菜单中的 "发布设置" 命令

2.3 挑战任务：制作导入连续图片的逐帧动画

2.3.1 主题内容

本任务将在 Flash 中添加一个矩形的边框，并导入具有连续变化的多幅老人骑马奔跑的图片，从而产生视觉上骏马奔驰的逐帧动画效果，如图 2-62 所示。

2.3.2 涉及知识点

步骤 1：创建影片文档

知识点：影片文档的创建及属性设置。

图 2-62 制作逐帧动画

步骤 2：创建背景图层

知识点：图层的重命名、矩形工具的使用、矩形框的绘制及属性设置、过渡帧的添加。

步骤 3：导入 gif 动画

知识点：新建图层的方法、图层的重命名、导入图片的方法。

步骤 4：调整对象位置

知识点：锁定图层的方法、绘图纸的使用、选择全部帧的方法、对象位置的移动。

步骤 5：设置标题文字

知识点：新建图层及重命名的方法、文本工具的使用、文字的输入及属性设置、对象位置的移动。

步骤 6：测试存盘

知识点：测试的方法、Flash 源文件的保存、影片播放文件的导出。

2.3.3　实现步骤

步骤 1：创建影片文档

打开 Flash 软件，选择"文件"菜单中的"新建"命令，如图 2-63 所示。在弹出的对话框中选择"常规"选项卡中的"ActionScript 3.0"选项，设置右侧的舞台宽和高大小均为 200 像素，背景色为白色，单击"确定"按钮，新建一个影片文档，如图 2-64 所示。

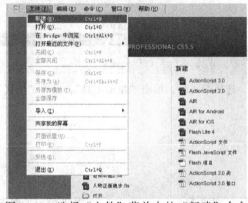

图 2-63　选择"文件"菜单中的"新建"命令

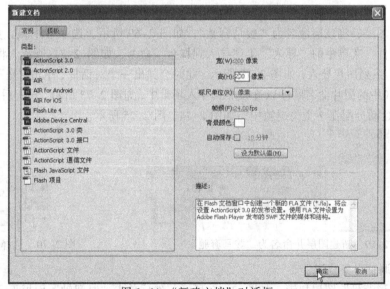

图 2-64　"新建文档"对话框

步骤 2：创建背景图层

通过双击图层名称可以命名图层，将"图层 1"重命名为"矩形背景"，如图 2-65 所示。选择第 1 帧，使用"矩形工具"，设置边线的笔触类型样式为锯齿线，如图 2-66 所示。在场景中绘制出一个矩形框，如图 2-67 所示。在第 7 帧按【F5】键，加过渡帧使帧内容延续到第 7 帧，如图 2-68 所示。

图 2-65 将"图层 1"重命名为"矩形背景"

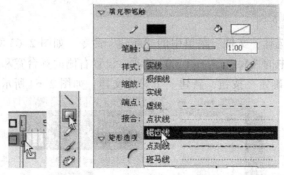

图 2-66 选择第 1 帧，单击"矩形工具"，设置"样式"属性

 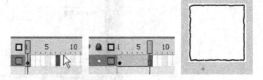

图 2-67 在场景中绘制出一个矩形框　　　　图 2-68 使帧内容延续到第 7 帧

步骤 3：导入 gif 动画

新建一个图层，将该层命名为"骏马奔驰"，如图 2-69 所示。选择第 1 帧，如图 2-70 所示。选择"文件"菜单中的"导入"|"导入到舞台"命令，如图 2-71 所示。将文件夹中的"奔驰的骏马"系列图片导入，如图 2-72 所示。此时会弹出一个对话框，单击"是"按钮，Flash 会自动按照 gif 中的图片命名顺序以逐帧形式导入场景中，如图 2-73 所示。导入后的动画序列，它们被 Flash 自动分配在 7 个关键帧中，如图 2-74、图 2-75 所示。

 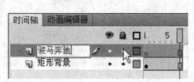

图 2-69 新建图层并命名为"骏马奔驰"　　　　图 2-70 选择第 1 帧

步骤 4：调整对象位置

先把"矩形背景"图层加锁，如图 2-76 所示。然后单击"时间轴"面板下方的"编辑多个帧"按钮，如图 2-77 所示。再单击"修改标记"按钮，如图 2-78 所示。在弹出的下拉菜单中选择"标记整个范围"命令，如图 2-79 所示。最后，选择"编辑"菜单中的"全选"命令，选择该层上的所有帧，如图 2-80 所示。单击场景中的骏马并进行拖动，就可以把 7 帧中的图

片一次全移动到需要的位置上，如图 2-81 所示。

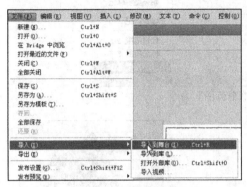

图 2-71　选择"导入到舞台"命令

图 2-72　导入系列图片

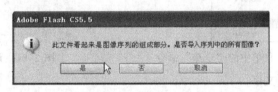

图 2-73　在弹出的对话框中单击"是"按钮

图 2-74　图片以逐帧形式导入场景

图 2-75　导入后的动画序列自动分配在 7 个关键帧中

图 2-76　"矩形背景"图层加锁

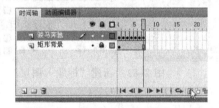

图 2-77　单击"编辑多个帧"按钮

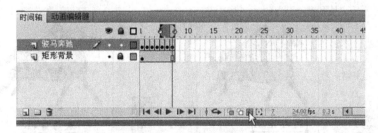

图 2-78　单击"修改标记"按钮

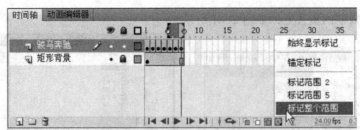

图 2-79 选择"标记整个范围"命令

图 2-80 选择"编辑"菜单中的"全选"命令

图 2-81 调整图片位置

步骤 5：设置标题文字

新建一个图层，命名为"标题"，并保证该层的位置位于所有图层之上，如图 2-82 所示。单击工具栏上的"文本工具"按钮，在舞台的适当位置上单击，如图 2-83 所示。设置"属性"面板上文本参数："文本类型"为静态文字；"系列"为华文新魏；"大小"为 20；"颜色"为深蓝色，设置完毕后在出现的文本框中输入"骏马奔驰"，如图 2-84 所示。并将其拖动至骏马图片的下方，如图 2-85 所示。

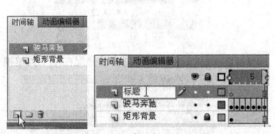

图 2-82 新建"标题"图层

图 2-83 选择"文本工具"并在舞台的适当位置上单击

图 2-84 设置属性并输入文字"骏马奔驰"

图 2-85 将"骏马奔驰"拖动至骏马图片的下方

步骤6：测试存盘

选择"控制"菜单中的"测试影片" | "测试"命令，如图 2-86 所示。观察动画效果，如图 2-87 所示。选择"文件"菜单中的"另存为"命令，将动画保存为 Flash 源文件，如图 2-88 所示。另外，还可以选择"文件"菜单中的"导出" | "导出影片"命令，将动画保存为影片播放文件，如图 2-89 所示。

图 2-86 选择"控制"菜单中的"测试影片" | "测试"命令

图 2-87 动画效果

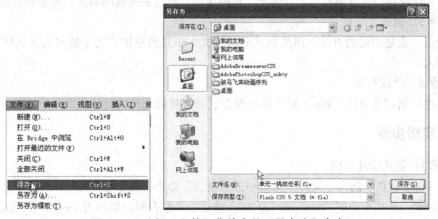

图 2-88 选择"文件"菜单中的"另存为"命令

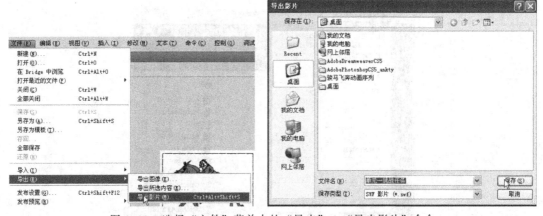

图 2-89 选择"文件"菜单中的"导出" | "导出影片"命令

2.4 终极任务：逐帧绘画制作逐帧动画

2.4.1 主题内容

本任务将通过在 Flash 中每帧绘制不同图形制作逐帧动画"表情变化"，并配合文字加以说明，这是一个简单而有趣的动画效果，如图 2-90 所示。

图 2-90　制作逐帧动画

2.4.2 涉及知识点

步骤1：创建影片文档

知识点：影片文档的创建及属性设置。

步骤2：创建表情层

知识点：图层的重命名、椭圆工具的使用、椭圆的绘制及属性设置、线条工具的使用、线条的绘制及属性设置、关键帧的插入、选择工具的使用、空白关键帧的插入、复制和粘贴的方法。

步骤3：创建文字层

知识点：新建图层的方法、图层的重命名、文本工具的使用、文字的输入及属性设置、关键帧的插入。

步骤4：测试存盘

知识点：测试的方法、Flash 源文件的保存、影片播放文件的导出。

2.4.3 实现步骤

步骤1：创建影片文档

打开 Flash 软件，选择"文件"菜单中的"新建"命令，如图 2-91 所示。在弹出的对话框中选择"常规"选项卡中的"ActionScript 3.0"选项，设置右侧的帧频为 12 fps，背景色为白色，单击"确定"按钮，新建一个影片文档，如图 2-92 所示。

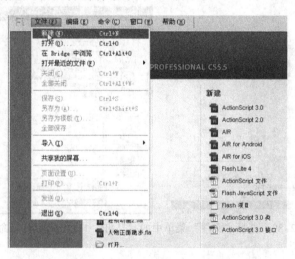

图 2-91　选择"文件"菜单中的"新建"命令

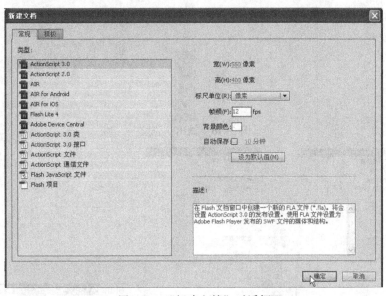

图 2-92 "新建文档"对话框

步骤 2: 创建表情层

（1）双击图层名称可以为该图层重命名，将"图层 1"重新命名为"表情层"，如图 2-93 所示。选择第 1 帧，在工具栏中单击"椭圆工具"，如图 2-94 所示。设置其属性线条颜色为橙色，填充色为无色，如图 2-95 所示。

图 2-93 将"图层 1"重命名为"表情层"

图 2-94 选择第 1 帧，选择"椭圆工具"

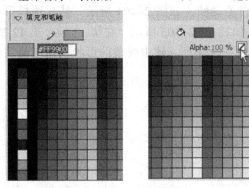

图 2-95 设置属性

（2）在舞台上画出一个空心的椭圆，单击工具箱中的"线条工具"，在椭圆中画出三条短线，分别代表眼睛和嘴，如图 2-96 所示。分别在第 2 帧、第 3 帧、第 4 帧插入关键帧，如图 2-97 所示。使用工具箱中的"选择工具"改变每一帧中线条的形状，从而形成开心的动画变化，如图 2-98～图 2-100 所示。在绘制每一帧的表情时，要注意四种表情的主体位置是相同的，这样才能体现出是同一张脸的表情变化。

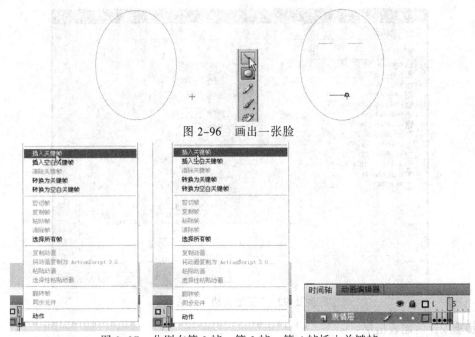

图 2-96　画出一张脸

图 2-97　分别在第 2 帧、第 3 帧、第 4 帧插入关键帧

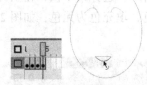

图 2-98　单击第 2 帧，利用
"选择工具"绘制开心变化

图 2-99　单击第 3 帧，
绘制开心变化

图 2-100　单击第 4 帧，
绘制开心变化

（3）在第 10 帧插入空白关键帧，如图 2-101 所示。然后选择第 1 帧，将同一张脸复制并粘贴到第 10 帧，如图 2-102、图 2-103 所示。在第 11 帧、第 12 帧、第 13 帧分别插入关键帧，如图 2-104 所示。通过改变每一帧中线条的形状及角度绘制生气变化的四种表情，如图 2-105～图 2-107 所示。

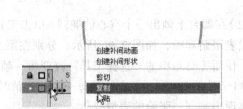

图 2-101　第 10 帧插入空白关键帧　　　　图 2-102　单击第 1 帧，右击并选择"复制"命令

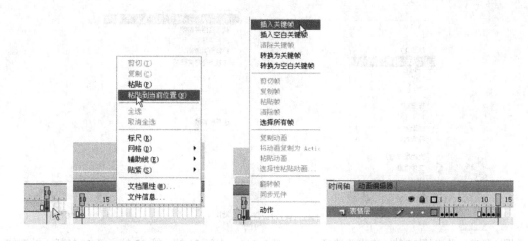

图 2-103 单击第 10 帧，右击并选择 "粘贴到当前位置" 命令

图 2-104 第 11 帧、第 12 帧、第 13 帧插入关键帧

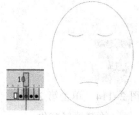

图 2-105 单击第 11 帧，绘制生气变化

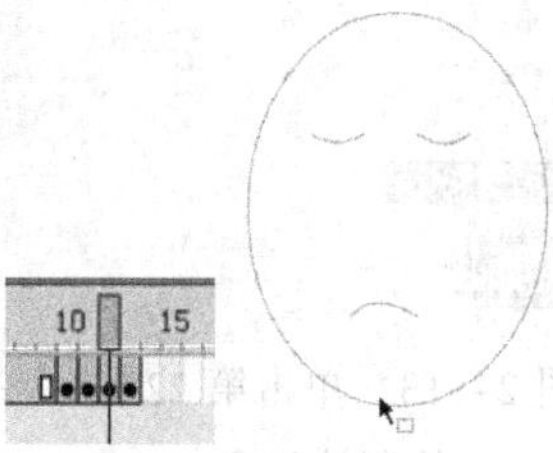

图 2-106 单击第 12 帧，绘制生气变化

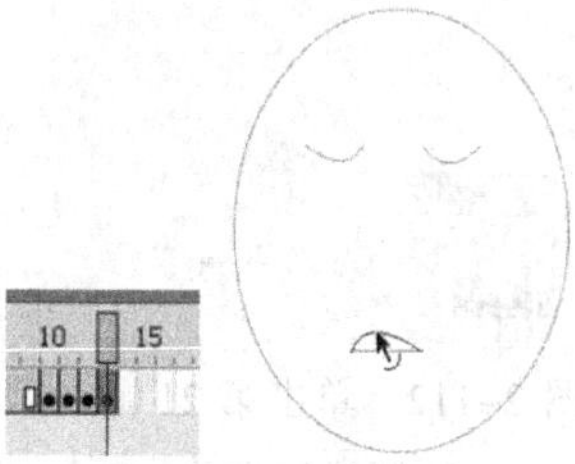

图 2-107 单击第 13 帧，绘制生气变化

（4）在第 20 帧插入空白关键帧，如图 2-108 所示。然后选择第 1 帧，将同一张脸复制并粘贴到第 20 帧，如图 2-109、图 2-110 所示。在第 21 帧、第 22 帧、第 23 帧分别插入关键帧，如图 2-111 所示。通过改变每 1 帧中线条的形状及角度绘制愤怒变化的四种表情，如图 2-112～图 2-114 所示。

图 2-108 第 20 帧插入空白关键帧

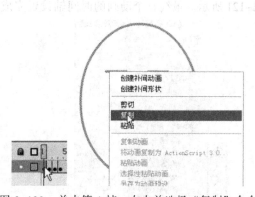

图 2-109 单击第 1 帧，右击并选择 "复制" 命令

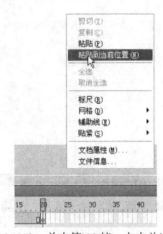

图 2-110　单击第 20 帧，右击并选择　　　　图 2-111　在第 21 帧、第 22 帧、第 23 帧插入关键帧
　　　　　"粘贴到当前位置"命令

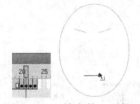

图 2-112　单击第 21 帧，　　　　图 2-113　单击第 22 帧，　　　　图 2-114　单击第 23 帧，
　　　　绘制愤怒变化　　　　　　　　　绘制愤怒变化　　　　　　　　　绘制愤怒变化

步骤 3：创建文字层

新建一个图层，命名为"文字层"，如

图 2-115 所示。单击工具栏上的"文字工具"

按钮，设置"属性"面板上的"大小"为 96，

颜色为绿色，如图 2-116 所示。设置完毕后在

舞台表情的右侧位置上单击，在出现的文本框

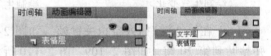

图 2-115　新建图层并命名为"文字层"

中输入"开心"，如图 2-117 所示。在该层的第 10 帧插入关键帧，如图 2-118 所示。输入文字
"生气"，如图 2-119 所示。在该层的第 20 帧插入关键帧，如图 2-120 所示，输入文字"愤怒"，
如图 2-121 所示。最终整个动画的时间轴设置完成。

图 2-116　选择 "文本工具"并设置属性

图 2-117　输入文字"开心"

图 2-118　单击第 10 帧，插入关键帧

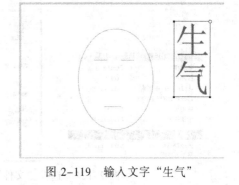

图 2-119　输入文字"生气"

图 2-120　第 20 帧插入关键帧

图 2-121　输入文字"愤怒"

步骤 4：测试存盘

选择"控制"菜单中的"测试影片"｜"测试"命令，如图 2-122 所示。观察动画效果，如图 2-123 所示。选择"文件"菜单中的"另存为"命令，将动画保存为 Flash 源文件，如图 2-124 所示。另外，还可以选择"文件"菜单中的"导出"｜"导出影片"命令，将动画保存为影片播放文件，如图 2-125 所示。

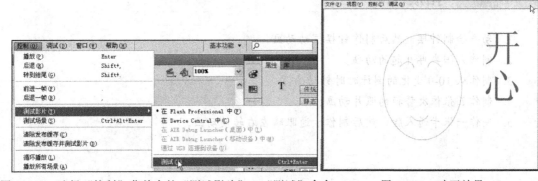

图 2-122　选择"控制"菜单中的"测试影片"｜"测试"命令　　　　图 2-123　动画效果

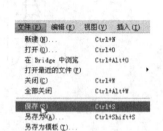

图 2-124　选择"文件"菜单中的"另存为"命令

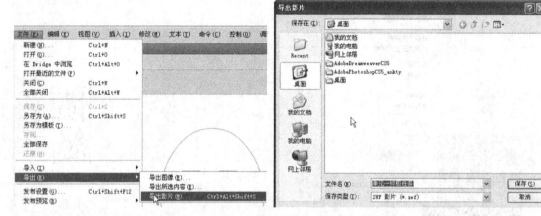

图 2-125　选择"文件"菜单中的"导出"|"导出影片"命令

本章小结

　　逐帧动画是 Flash 的表现形式之一，是 Flash 动画制作不可或缺的重要内容。通过本章的讲解，学习者应能够掌握逐帧动画的制作方法与技巧，能够独立完成逐帧动画的制作。

拓展练习

1. 动手绘制钟摆，然后制作钟摆摆动动画。
2. 制作太阳冉冉升起的动画。
3. 制作从 10-0 变化的倒计时时钟动画。
4. 制作五张依次替换的照片动画。
5. 制作一张卡通人脸，然后制作卡通眼睛左右转动动画。

第③章

→ 形状补间动画

学习目标：

- 掌握形状及自由变换等相关工具的使用；
- 熟悉"属性"面板的使用；
- 理解形状补间动画的原理；
- 掌握形状补间动画的创建；
- 熟练制作形状补间动画。

3.1　相关知识

形状补间动画是 Flash 中非常重要的表现手法之一，它可以变幻出各种变形效果。

3.1.1　形状补间动画的概念

在 Flash "时间轴"面板的一个关键帧上绘制一个形状，然后在另一个关键帧上更改该形状或绘制另一个形状，然后执行"创建补间形状"命令，Flash 根据这两个关键帧的内容创建一个形状变形为另一个形状的动画，称为形状补间动画。

形状补间动画可以实现两个图形之间颜色、形状、大小、位置的相互变化。形状补间动画最适合用于简单形状，避免使用有一部分被挖空的形状。如果使用元件、文字、位图图像，则必先通过"分离"才能实现变形。

3.1.2　形状补间动画的创建方法

首先，在"时间轴"面板上动画开始播放的位置创建或选择一个关键帧并设置要开始变形的形状。一般地，一帧中以一个对象为宜，以矩形为例，如图 3-1 所示。然后，在动画结束处创建或选择一个关键帧并设置变形的形状，再插入一个关键帧并将原来的矩形修改为梯形，如图 3-2、图 3-3 所示。最后，再单击这两个关键帧之间的任意一帧，选择"插入"菜单中的"补间形状"命令，如图 3-4 所示。也可以在两个关键帧之间的任意一帧上右击，在弹出的快捷菜单中选择"创建补间形状"命令，如图 3-5 所示。即完成了形状补间动画。

形状补间动画建立后，两个关键帧之间背景色变为淡绿色，在起始帧和结束帧之间有一个长长的箭头。

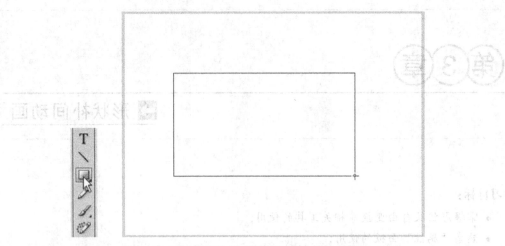

图 3-1　工具箱中选择"矩形工具"并绘制矩形

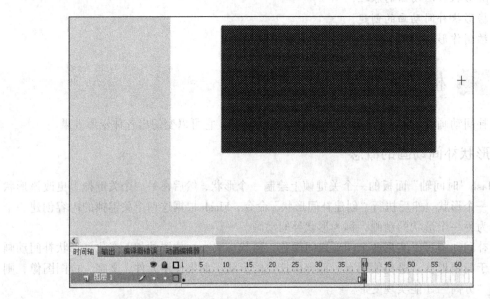

图 3-2　图层 1 的第 40 帧插入关键帧

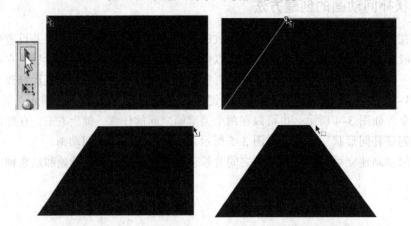

图 3-3　单击"选择工具",将原来的矩形修改为梯形

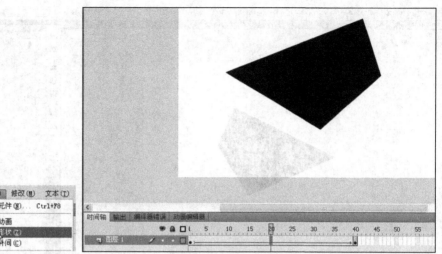

图 3-4　选择"插入"菜单中的"补间形状"命令

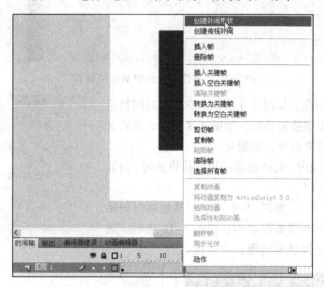

图 3-5　右击选择"创建补间形状"命令

3.1.3　属性面板中对应的属性

Flash 的"属性"面板随选中的对象不同会发生相应的变化。当建立了一个形状补间动画后，单击形状补间动画的两个关键帧之间的任意一帧，"属性"面板中显示的就是该形状补间动画对应的属性，如图 3-6 所示。

在形状补间动画的"属性"面板上有两个属性。

1.　"缓动"属性

该属性的值的范围是 -100～100，其中，在 -100～0 的区间内，动画运动的速度从慢到快，向运动结束的方向加速补间。

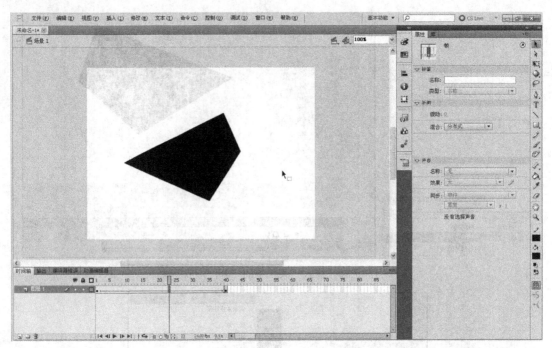

图 3-6 "属性"面板中对应的属性

例如，输入"-80"，如图 3-7 所示。然后将时间轴定位到第 1 帧，按回车键播放动画，如图 3-8 所示。观看动画效果，动画速度越来越快，即加速。

在 0～100 的区间内，动画运动的速度从快到慢，向运动结束的方向减速补间。

例如，输入"80"，如图 3-9 所示。然后将时间轴定位到第 1 帧，按回车键播放动画，如图 3-10 所示。观看动画效果，动画速度越来越慢，即减速。

图 3-7 "缓动"属性值输入"-80"

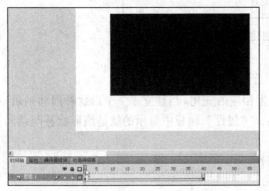
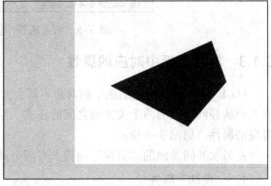

图 3-8 按回车键播放动画

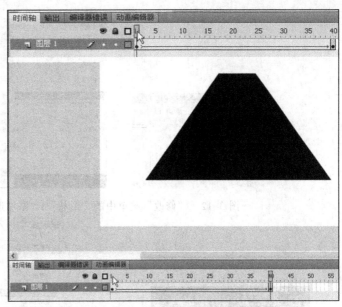

图 3-9　"缓动"属性值输入"80"　　　　　图 3-10　按回车键播放动画

在默认情况下，也就是没有设置"缓动"属性时，补间帧之间的变化速率是不变的，即匀速。

2.　"混合"属性

"混合"中有两个选项可供选择，如图 3-11 所示。

① "分布式"选项创建的动画中间形状比较平滑和不规则。

② "角形"选项创建的动画中间形状会保留有明显的角和直线，适合于具有锐化转角和直线的混合形状。

图 3-11　混合属性中"分布式"选项

3.1.4　形状提示功能

在形状补间动画中，若要控制更加复杂或罕见的形状变化，就可以使用形状提示。形状提示包含从 a ～ z 的字母，最多可以使用 26 个形状提示，用于识别起始形状和结束形状中相对应的点。起始关键帧中的形状提示为黄色，结束关键帧中的形状提示为绿色，当不在一条曲线上时为红色。

当前的形状补间动画在由矩形变成梯形的过程中，其变形是不可控的，现在通过添加形状提示的方法，使矩形下边两个端点不动，只有上边两个端点逐渐向里移动形成可控的变形。

在当前形状补间动画的起始关键帧上即第一帧上单击，执行"修改"菜单中的"形状" |"添加形状提示"命令，如图 3-12 所示。该帧上的形状就会增加一个带有字母 a 的红色圆圈，如图 3-13 所示。继续执行三次"修改"菜单中的"形状" |"添加形状提示"命令，这样就为起始关键帧添加了 a、b、c、d 四个形状提示，如图 3-14～图 3-19 所示。相应地，在结束关键帧形状中也会出现四个带有字母 a、b、c、d 的红色圆圈的形状提示。

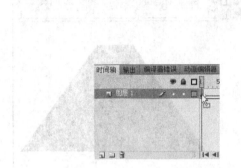
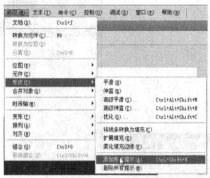

图 3-12 "修改"菜单中的"形状"|"添加形状提示"命令

图 3-13 带有字母 a 的红色圆圈

图 3-14 继续"修改"菜单中的
"形状"|"添加形状提示"命令

图 3-15 带有字母 b 的红色圆圈

图 3-16 继续"修改"菜单中的
"形状"|"添加形状提示"命令

图 3-17 带有字母 c
的红色圆圈

图 3-18 继续"修改"菜单中的
"形状"|"添加形状提示"命令

在起始关键帧上，单击形状提示 d，并拖动至矩形的右下顶点，释放鼠标，如图 3-20 所示。按此方法将形状提示 c 放至矩形左下顶点，将形状提示 b 放至矩形左上顶点，将形状提示 a 放至矩形右上顶点，如图 3-21～图 3-23 所示。

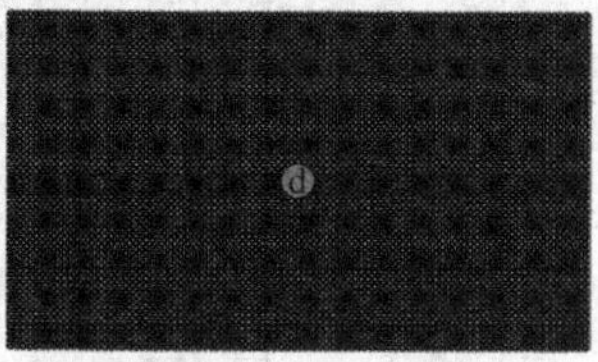

图 3-19 带有字母 d 的红色圆圈

起始关键帧中的形状提示放置结束后，单击结束关键帧，如图 3-24 所示。将形状提示 a、b、c、d 放置到对应的顶点上，如图 3-25 所示，放置成功后可以看到结束关键帧上的"提示圆圈"变为绿色。单击起始关键帧，我们可以看到起始关键帧上的"提示圆圈"变为黄色，如图 3-26 所示。放置不成功或不在一条曲线上时，"提示圆圈"颜色不变，仍为红色。

图 3-20 将"d"拖动至矩形的右下顶点

图 3-21 将"c"放至矩形左下顶点

图 3-22 将"b"放至矩形左上顶点

图 3-23 将"a"放至矩形右上顶点

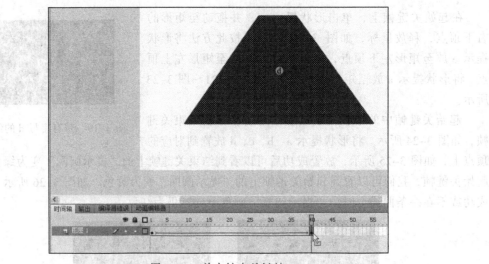

图 3-24 单击结束关键帧

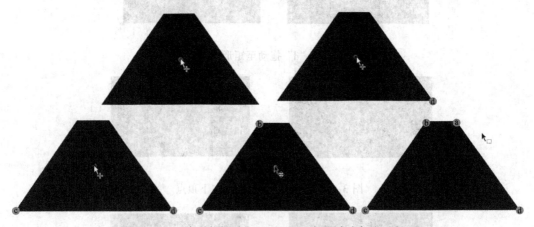

图 3-25 将形状提示 a、b、c、d 放置到对应的顶点

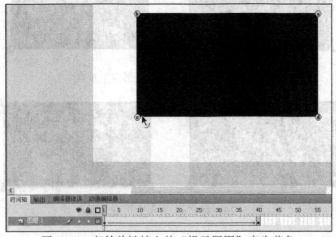

图 3-26 起始关键帧上的"提示圆圈"变为黄色

现在,按【Enter】键播放动画,添加形状提示后,由矩形到梯形的变形将按照添加的形状提示进行变形,如图 3-27 所示。

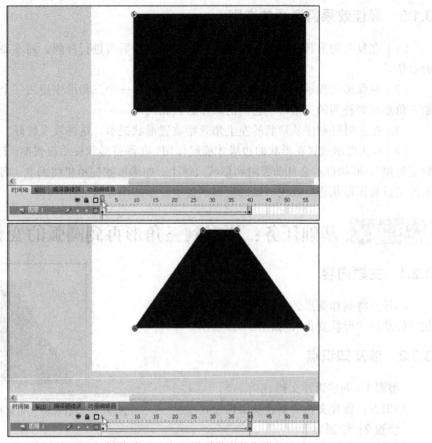

图 3-27　播放动画：由矩形到梯形的变形

　　形状提示会标识起始形状和结束形状中的相对应的点。Flash 根据形状提示点的位置计算变形过渡时的规则，从而较有效地控制变形过程。

　　在制作过程中，若要删除单个或者所有的形状提示，可以在形状提示上右击，在弹出的快捷菜单中选择"删除提示"或"删除所有提示"，如图 3-28 所示。如果形状提示隐藏了，可以通过"视图"菜单中的"显示形状提示"命令来显示。

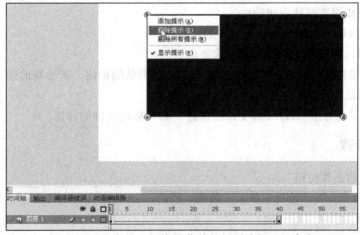

图 3-28　右击并选择快捷菜单的"删除提示"命令

3.1.5　最佳效果需遵循的准则

（1）在复杂的形状补间中，需要创建中间形状然后再进行补间，而不要只定义起始和结束的形状。

（2）确保形状提示是符合逻辑的。例如，如果在一个三角形中使用三个形状提示，则在原始三角形和要补间的三角形中它们的顺序必须相同。

（3）按逆时针顺序从形状的左上角开始放置形状提示，这样效果最好。

（4）形状提示放置在形状的边缘才能起作用，在调整形状提示位置前，打开工具栏中的"紧贴至对象"，形状提示会自动吸附到形状边缘上，如果形状提示仍然无效，则可以用工具栏上的缩放工具对该形状进行放大，以确保形状提示位于图形边缘上。

3.2　基础任务：矩形到三角形再到圆弧的变化

3.2.1　主题内容

本任务将制作矩形到三角形再到圆弧变化的形状补间动画"形状变化"，如图 3-29 所示。

3.2.2　涉及知识点

步骤 1： 创建影片文档

知识点：影片文档的创建及属性设置。

图 3-29　矩形到三角形再到圆弧的形状变化

步骤 2： 绘制矩形

知识点：图层的重命名、矩形工具的使用、矩形的绘制及属性设置、选择工具的使用、对象位置的移动。

步骤 3： 制作三角形

知识点：关键帧的插入、对象形状的调整。

步骤 4： 制作从矩形到三角形的形变效果

知识点：补间形状的创建、删除补间的方法。

步骤 5： 制作规则形状变化动画

知识点：形状提示的添加、提示点的排列顺序。

步骤 6： 制作从三角形到扇形的形状变化

知识点：关键帧的插入、对象形状的调整、补间形状的创建、普通帧的插入。

步骤 7： 测试存盘

知识点：测试的方法、Flash 源文件的保存、影片播放文件的导出。

3.2.3　实现步骤

步骤 1： 创建影片文档

打开 Flash 软件，在开始页中单击"新建"栏的"ActionScript 3.0"选项，新建一个影片文档，如图 3-30 所示。

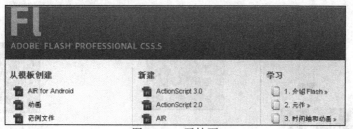

图 3-30　开始页

步骤 2：绘制矩形

双击对应图层的图层名称，将"图层 1"重新命名为"形状变化"，如图 3-31 所示。选择第 1 帧，在工具箱中单击"矩形工具"，如图 3-32、图 3-33 所示。按住鼠标左键并拖动，在舞台上绘制一个矩形，如图 3-34 所示。单击"选择工具"，设置矩形的属性，外框颜色选择黑色，填充色选择绿色，如图 3-35～图 3-37 所示。选中绘制的矩形，移动矩形到舞台中央位置，如图 3-38 所示。

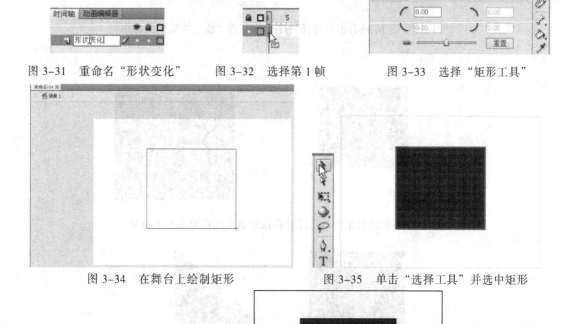

图 3-31　重命名"形状变化"　　图 3-32　选择第 1 帧 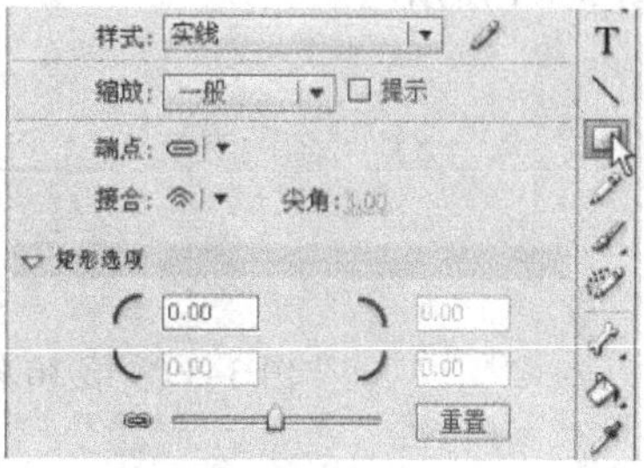　　图 3-33　选择"矩形工具"

图 3-34　在舞台上绘制矩形　　　　　　图 3-35　单击"选择工具"并选中矩形

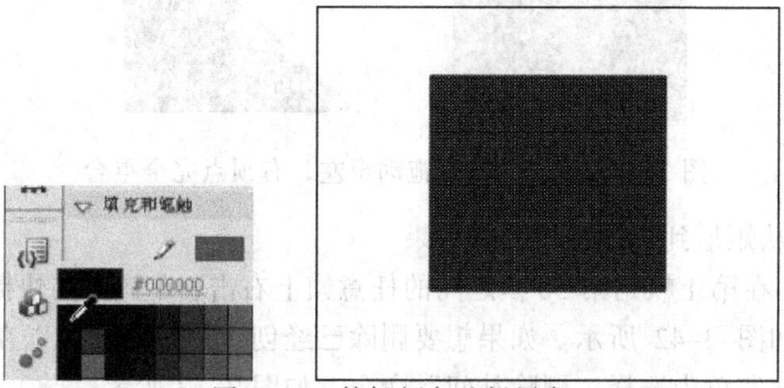

图 3-36　外框颜色选择黑色

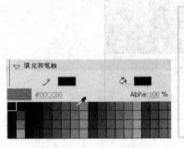
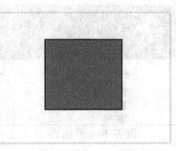
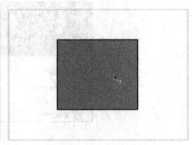

图 3-37　填充色选择绿色　　　　　　　　图 3-38　移动矩形到舞台中央位置

步骤 3：制作三角形

第 30 帧右击，在弹出的快捷菜单中选择"插入关键帧"命令，如图 3-39 所示。在舞台的空白位置单击，取消对矩形的选择，然后将鼠标指针放在矩形的左上角处，如图 3-40 所示。当鼠标指针尾部出现下方直角折线时，单击并向右拖动，直到左顶点和右顶点完全重合，如图 3-41 所示。

图 3-39　第 30 帧右击并选择快捷菜单中的"插入关键帧"命令

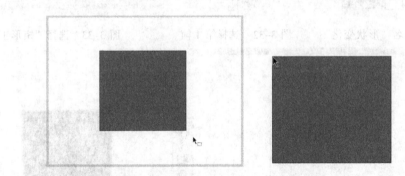

图 3-40　取消对矩形的选择并将鼠标指针放在矩形左上角处

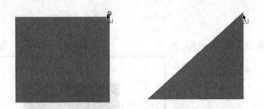

图 3-41　单击并向右拖动至左、右顶点完全重合

步骤 4：制作从矩形到三角形的形变效果

创建补间形状，在第 1 帧到第 30 帧之间的任意帧上右击，在弹出的快捷菜单中选择"创建补间形状"命令，如图 3-42 所示。如果想要删除已经创建的补间，可以在补间的任意一帧上右击，在弹出的快捷菜单中选择"删除补间"命令，如图 3-43 所示。

图 3-42 右击,选择快捷菜单中的
"创建补间形状"命令

图 3-43 右击,选择快捷菜单
中的"删除补间"命令

步骤 5: 制作规则形状变化动画

(1)这个操作通过添加形状提示来实现,添加形状提示必须在已经创建补间形状的基础上才能进行。单击第 1 帧,选择"修改"菜单中的"形状" | "添加形状提示"命令,添加一个形状提示 a,如图 3-44、图 3-45 所示。可以重复上述操作添加 a ~ z 个形状提示,这里只需添加 a、b、c、d 四个形状提示即可,添加的四个形状提示是重合在一个点上,如图 3-46 所示。通过单击并拖动,将四个提示点以逆时针的顺序分别放在矩形的四个角上,如图 3-47 所示。

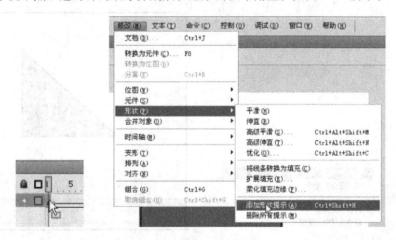

图 3-44 单击第 1 帧,选择"修改"菜单中的"形状" | "添加形状提示"命令

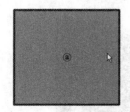

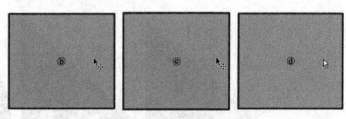

图 3-45 添加一个形状提示 a   图 3-46 依次添加形状提示 b、c、d

图 3-47　将四个提示点分别放在矩形的四个角上

（2）实现 b 点与 a 点重合，实现从 b 到 a 的规则形变。单击第 30 帧，如图 3-48 所示。按照第 1 帧的顺序将 a、c、d 三个形状提示放在矩形的三个角上，把 b 点放在 a 点的下方，但不要和 a 重合，如图 3-49 所示。这样就实现了从矩形到三角形的规则形状变化。

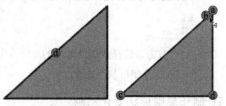

图 3-48　单击第 30 帧　　　图 3-49　将 a、c、d 放在矩形的三个角上

步骤 6：制作从三角形到扇形的形状变化

（1）在第 60 帧处插入一个关键帧，如图 3-50 所示。然后在舞台上的空白处单击，取消对三角形的选择，如图 3-51 所示。再将鼠标指针放在三角形的斜边上，当鼠标指针的尾部有弧形曲线时，按住鼠标左键向上拖动，即可产生圆弧效果，如图 3-52 所示，扇形即制作完成。

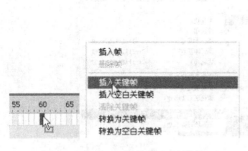
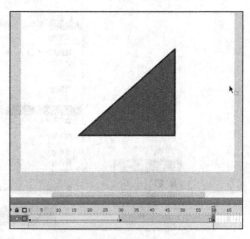

图 3-50　第 60 帧处插入关键帧　　　图 3-51　取消对三角形的选择

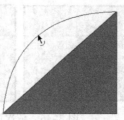

图 3-52　制作扇形

（2）最后在第 30 帧到第 60 帧的任意一帧右击，在弹出的快捷菜单中选择"创建补间形状"命令，即实现了从三角形到扇形的形状变化，如图 3-53 所示。

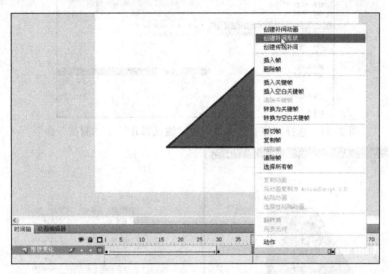

图 3-53 右击，选择快捷菜单中的"创建补间形状"命令

（3）为了让变化多停留一段时间，在第 80 帧右击，在弹出的快捷菜单中选择"插入帧"命令，如图 3-54 所示。这样插入的帧是普通帧，普通帧是对左侧最近关键帧动画的延续和停留。

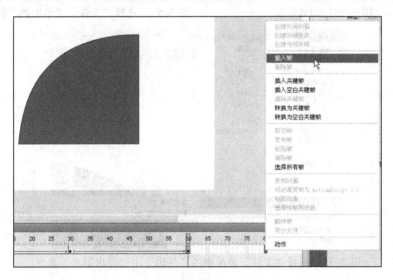

图 3-54 右击，选择快捷菜单中的"插入帧"命令

步骤 7： 测试存盘

选择"控制"菜单中的"测试影片" | "测试"命令，如图 3-55 所示。观察动画效果，如图 3-56 所示。满意后可以选择"文件"菜单中的"另存为"命令，将动画保存为 Flash 源文件，如图 3-57 所示。另外，还可以选择"文件"菜单中的"导出" | "导出影片"命令，将动画保存为影片播放文件，如图 3-58 所示。

图 3-55　选择"控制"菜单中的"测试影片"｜"测试"命令

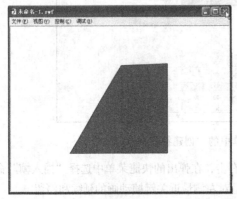

图 3-56　动画效果　　　　　图 3-57　选择"文件"菜单中的"保存"命令

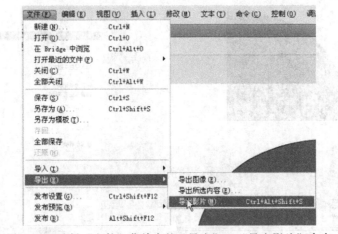

图 3-58　选择"文件"菜单中的"导出"｜"导出影片"命令

3.3　挑战任务：复杂的形状变化

3.3.1　主题内容

制作形状补间动画"复杂的形状变化"，如图 3-59 所示。

3.3.2　涉及知识点

步骤1：创建影片文档

知识点：影片文档的创建及属性设置。

步骤 2：绘制圆形

知识点：椭圆工具的使用、正圆的绘制及属性设置、关键帧的插入。

步骤 3：制作圆形填充补间形状动画

知识点：将线条转换为填充的方法、补间形状的创建。

步骤 4：制作从圆形到矩形的填充补间形状动画

知识点：关键帧的插入、矩形工具的使用、正方形的绘制及属性设置、将线条转换为填充的方法、补间形状的创建。

步骤 5：测试存盘

知识点：测试的方法、Flash 源文件的保存、影片播放文件的导出。

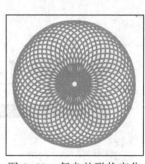

图 3-59 复杂的形状变化

3.3.3 实现步骤

步骤 1：创建影片文档

打开 Flash 软件，在开始页中单击"新建"栏的"ActionScript 3.0"选项，新建一个影片文档，如图 3-60 所示。

步骤 2：绘制圆形

单击工具箱中的"椭圆工具"，如图 3-61 所示。在"属性"面板中设置圆的"笔触颜色"为红色，"填充颜色"为无色，"笔触"的线条粗细值为 8，"样式"选择为虚线，"间距"设置为 13，如图 3-62～图 3-65 所示。按住【Shift】键，在舞台中单击并拖动鼠标指针绘制一个虚线红边的正圆，并将正圆调整到合适的位置，如图 3-66、图 3-67 所示。分别在第 15 帧和第 30 帧处插入关键帧，如图 3-68、图 3-69 所示。

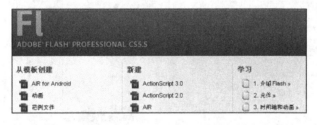

图 3-60 开始页

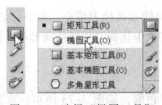

图 3-61 选择"椭圆工具"

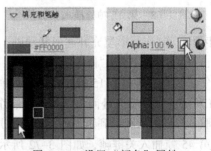

图 3-62 设置"颜色"属性

图 3-63 设置"笔触"属性

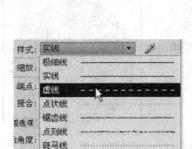

图 3-64　设置"样式"属性

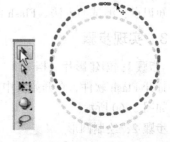

图 3-65　设置"间距"属性

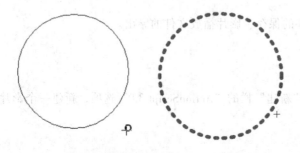

图 3-66　绘制虚线红边的正圆

图 3-67　将正圆调整到合适的位置

图 3-68　第 15 帧处插入关键帧

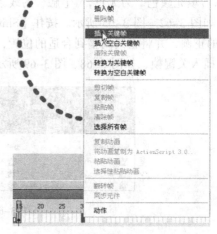

图 3-69　第 30 帧处插入关键帧

步骤 3：制作圆形填充补间形状动画

单击第 15 帧，选择"修改"菜单中的"形状"｜"将线条转换为填充"命令，如图 3-70 所示。分别在第 1 帧和第 15 帧处右击，在弹出的快捷键菜单中选择"创建补间形状"命令，如图 3-71 所示。圆形填充补间形状的动画制作完成。

步骤 4：绘制从圆形到矩形的填充补间形状动画

在第 45 帧插入关键帧，如图 3-72 所示。删除原有红色圆，如图 3-73 所示。单击工具箱中"矩形工具"，保持原有属性，按住【Shift】键在舞台上绘制一个正方形并调整到合适位置，如图 3-74、图 3-75 所示。选中第 45 帧，选择"修改"菜单中的"形状"｜"将线条转换为填充"命令，如图 3-76 所示。在第 30 帧处右击，在弹出的快捷菜单中选择"创建补间形状"命令，如图 3-77 所示，完成动画的制作。

图 3-70　第 15 帧处选择"修改"菜单中的"形状"｜"将线条转换为填充"命令

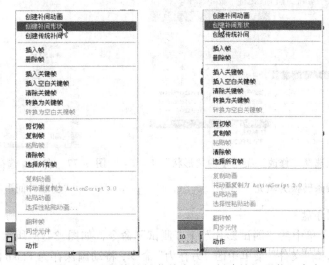

图 3-71　右击，选择快捷键菜单中的"创建补间形状"命令

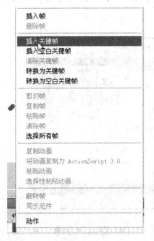

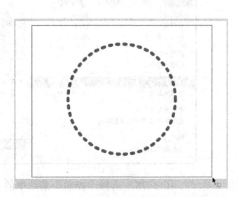

图 3-72　第 45 帧处插入关键帧　　　　　图 3-73　选中原有红色圆并删除

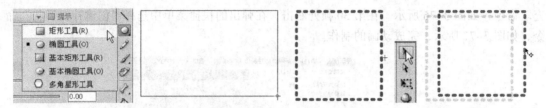

图 3-74　选择"矩形工具"并绘制矩形　　　　图 3-75　绘制正方形并调整到合适位置

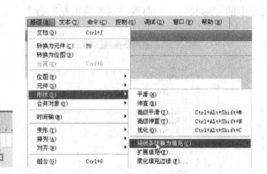

图 3-76　第 45 帧处选择"修改"菜单中的"形状" | 　　　图 3-77　右击，选择快捷菜单中的
　　　　　"将线条转换为填充"命令　　　　　　　　　　　　"创建补间形状"命令

步骤 5：测试存盘

　　选择"控制"菜单中的"测试影片" | "测试"命令，如图 3-78 所示。观察动画效果，如图 3-79 所示。选择"文件"菜单中的"另存为"命令，将动画保存为 Flash 源文件，如图 3-80 所示。另外，还可以选择"文件"菜单中的"导出" | "导出影片"命令，将动画保存为影片播放文件，如图 3-81 所示。

图 3-78　选择"控制"菜单中的"测试影片" | "测试"命令

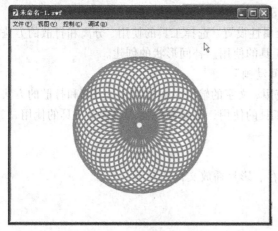

图 3-79　动画效果

图 3-80　选择"文件"菜单中的"保存"命令

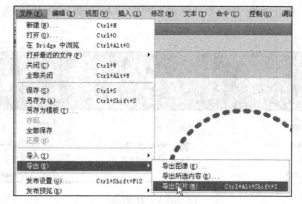

图 3-81　选择"文件"菜单中的"导出"|"导出影片"命令

3.4　终极任务：文字颜色的形变

3.4.1　主题内容

制作文字颜色的形状补间动画"文字颜色的形变"，如图 3-82 所示。

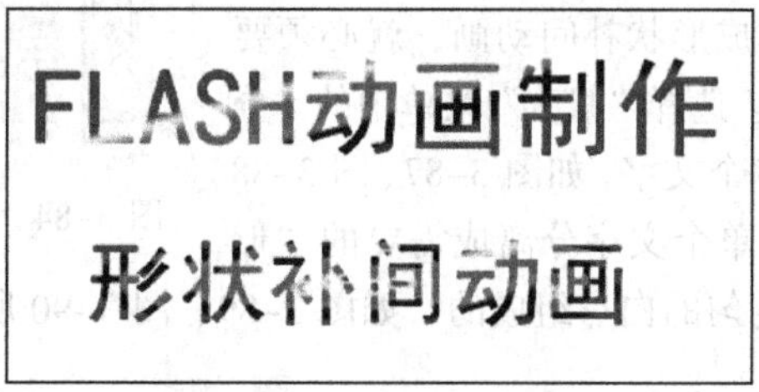

FLASH动画制作
形状补间动画

图 3-82　文字颜色的形变

3.4.2　涉及知识点

步骤1：创建影片文档

知识点：影片文档的创建及属性设置。

步骤 2：制作颜色渐变的文字"FLASH 动画制作"

知识点：文本工具的使用、文字的输入及属性设置、选择工具的使用、分离和打散的方法、设置颜色的方法、颜料桶工具的使用、变形工具的使用、补间形状的创建。

步骤 3：制作颜色渐变的文字"形状补间动画"

知识点：新建图层的方法、文本工具的使用、文字的输入及属性设置、分离和打散的方法、设置颜色的方法、颜料桶工具的使用、变形工具的使用、关键帧的插入、选择工具的使用、补间形状的创建。

步骤 4：测试存盘

知识点：测试的方法、Flash 源文件的保存、影片播放文件的导出。

3.4.3　实现步骤

步骤 1：创建影片文档

打开 Flash 软件，在开始页中单击"新建"栏的"ActionScript 3.0"选项，新建一个影片文档，如图 3-83 所示。

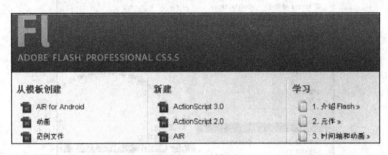

图 3-83　开始页

步骤 2：制作颜色渐变的文字"FLASH 动画制作"

（1）单击工具箱中的"文本工具"，在"属性"面板中设置文字的字体、字号和字符颜色等基本属性，如图 3-84 所示。然后在舞台适当位置输入文字"FLASH 动画制作"，如图 3-85 所示。再使用"选择工具"调整文字的位置，如图 3-86 所示。

（2）如果要将文字制作成形状补间动画，就必须要把文字分离和打散变成形状。选择"修改"菜单中的"分离"命令，将文字串分离成单个文字，如图 3-87、图 3-88 所示；再进行一次分离，将单个文字分离成需要的"形状"，此时的文字是由分布均匀的白点组成的，如图 3-89、图 3-90 所示。

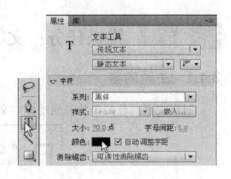

图 3-84　选择"文本工具"并设置属性

图 3-85　输入文字"FLASH 动画制作"　　图 3-86　利用"选择工具"调整文字位置

图 3-87　选择"修改"菜单中的"分离"命令

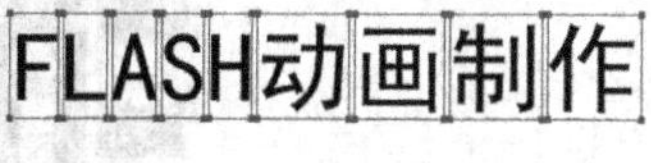

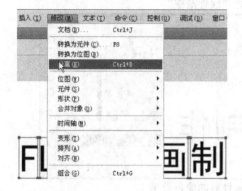

图 3-88　一次分离后文字的效果

图 3-89　再次选择"修改"菜单中的"分离"命令

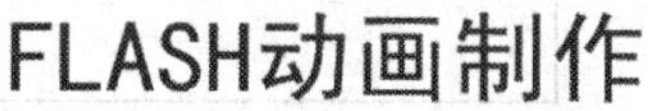

图 3-90　两次分离后文字的效果

（3）选择"窗口"菜单中的"颜色"命令，为文字设置线性颜色，如图 3-91 所示。在"颜色"面板中选择颜色类型中的"线性渐变"，这时会出现由红、黄、绿等 7 种颜色组成的线性色条，可以通过鼠标单击色条空白处增加色标，双击色标可以设置颜色，如图 3-92、图 3-93 所示。选择"线性渐变"属性之后，每个文字按照设置好的色条涂色，如图 3-94 所示。使用"选择工具"选中所有文字，如图 3-95 所示。再使用"颜料桶工具"在被选中文字的左上角处单击，这时整体文字按照选好的色条方案进行渐变涂色，如图 3-96 所示。

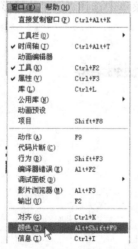

图 3-91　选择"窗口"菜单中的"颜色"命令

图 3-92　"颜色"面板

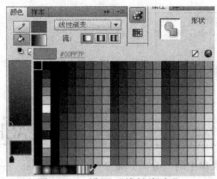

图 3-93　设置"线性渐变"

图 3-94　设置属性后的涂色效果

图 3-95　使用"选择工具"选中所有文字　　　　图 3-96　使用"颜料桶工具"单击文字左上角处

（4）单击工具箱中的"选择工具"，在时间轴的第 20 帧插入关键帧，如图 3-97 所示。单击工具箱中的"变形工具"，选择"渐变变形工具"，在文字上单击，可以拖动鼠标指针来改变色条的方向和色条的宽度，如图 3-98～图 3-101 所示。单击工具箱中的"选择工具"，在时间轴的第 1 至 20 帧的任意一帧上右击，在弹出的快捷菜单中选择"创建补间形状"命令，完成文字颜色变化效果，如图 3-102、图 3-103 所示。

图 3-97　第 20 帧处插入关键帧

图 3-98 使用"变形工具"并选择"渐变变形工具"

图 3-99 文字上单击后的效果

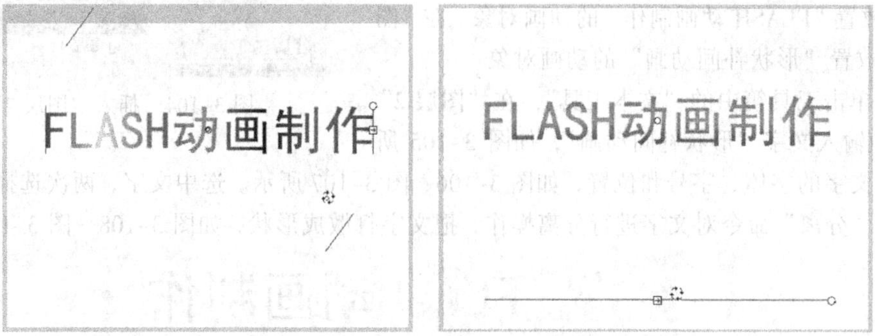

图 3-100 改变色条的方向

图 3-101 改变色条的宽度

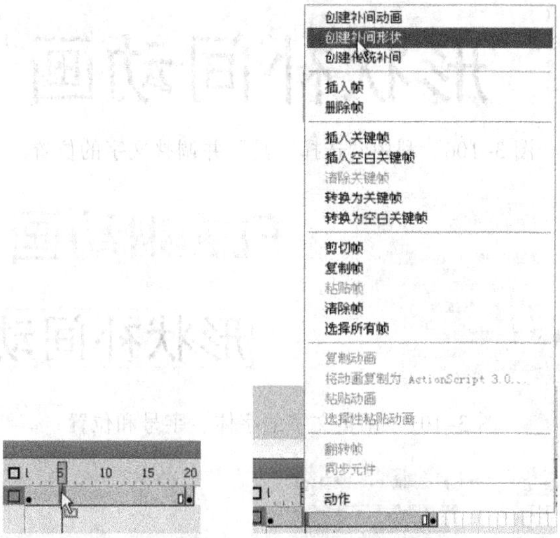

图 3-102 选择快捷菜单中的"创建补间形状"命令

FLASH动画制作

图 3-103 文字颜色变化效果

步骤 3: 制作颜色渐变的文字"形状补间动画"

（1）单击时间轴上的"插入图层"按钮，在"图层 1"的上方插入"图层 2"，如图 3-104 所示。Flash 动画制作时不同的对象需放在不同的图层之中，在"图层 1"中放置"FLASH 动画制作"的动画对象，在"图层 2"中放置"形状补间动画"的动画对象。

图 3-104 插入"图层 2"

（2）单击工具箱中的"文本工具"，在"图层 2"的第 1 帧输入文字"形状补间动画"，如图 3-105 所示。调整文字的字体、字号和位置，如图 3-106、图 3-107 所示。选中文字，两次选择"修改"菜单中的"分离"命令对文字进行分离操作，把文字打散成形状，如图 3-108～图 3-110 所示。

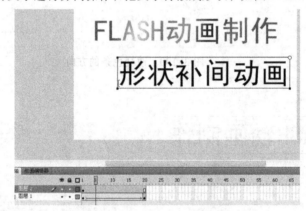

图 3-105 选择"文本工具"并输入文字"形状补间动画"

图 3-106 利用"选择工具"并调整文字的位置

图 3-107 调整文字的字体、字号和位置

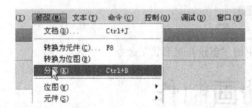

图 3-108 选择"修改"菜单中的"分离"命令

图 3-109 第一次分离后的效果

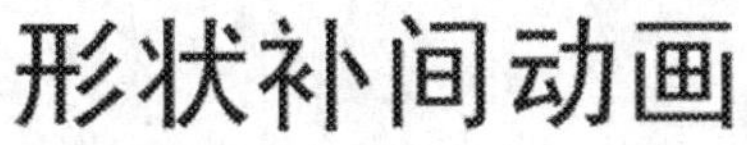

形状补间动画

图 3-110　第二次分离文字打散成形状

（3）选择"窗口"菜单中的"颜色"命令，如图 3-111 所示。在"颜色"面板的颜色类型中选择"径向渐变"，如图 3-112、图 3-113 所示。使用"颜料桶工具"在被选中的所有文字的中心处单击，对整个文字进行放射状涂色，如图 3-114 所示。单击工具箱中的"变形工具"，在文字上单击，如图 3-115 所示。这时，可以用拖动不同形状的鼠标指针来改变色条的方向、宽度、位置以及弧的直径，通过上述四点功能调整色条，如图 3-116 所示。

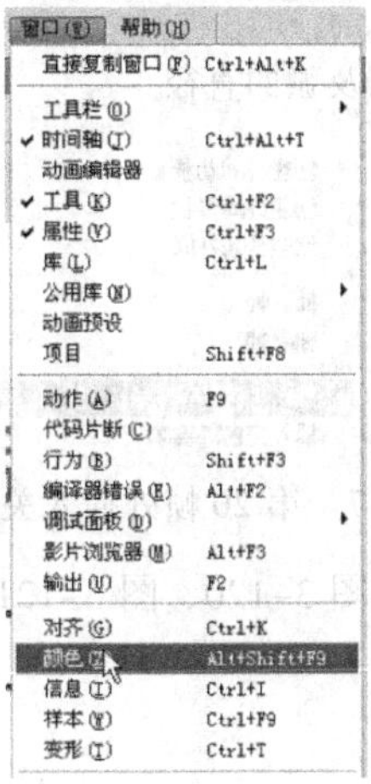

图 3-111　选择"窗口"菜单

中的"颜色"命令

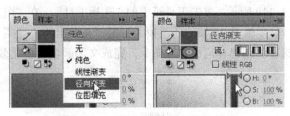

图 3-112　"颜色"面板的属性设置

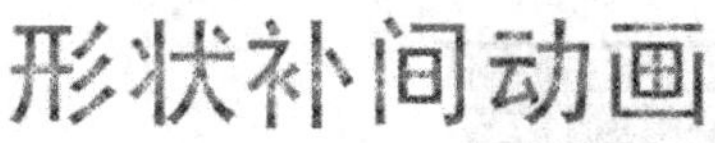

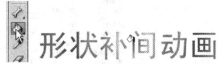

图 3-113　文字效果　　　　　图 3-114　使用"颜料桶工具"对整个文字涂色

图 3-115　使用"变形工具"在文字上单击

图 3-116　拖动鼠标指针改变色条的方向、宽度、位置以及弧的直径

（4）在时间轴第 20 帧处插入关键帧，如图 3-117
所示。选择"窗口"菜单中的"颜色"命令，在"颜
色"面板的颜色类型中选择"线性渐变"，如图 3-118
所示。再次对"形状补间动画"文字进行线性颜色设置，
如图 3-119 所示。单击工具箱中的"选择工具"，在"图
层 2"第 1 帧至 20 帧的任意帧上右击，在弹出的快捷菜

图 3-117　第 20 帧处插入关键帧

单中选择"创建补间形状"命令，完成文字颜色的变化效果动画，如图 3-120、图 3-121 所示。

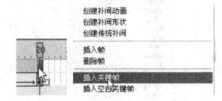

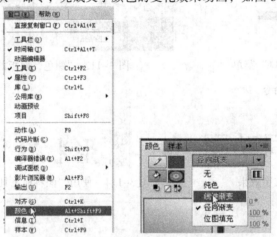

图 3-118　对"颜色"面板的属性设置

图 3-119　对"形状补间动画"进行线性颜色设置

步骤 4：测试存盘

选择"控制"菜单中的"测试影片" | "测试"命令，如图 3-122 所示。观察动画效果，
如图 3-123 所示。选择"文件"菜单中的"另存为"命令，将动画保存为 Flash 源文件，如
图 3-124 所示。另外，还可以选择"文件"菜单中的"导出" | "导出影片"命令，将动画保
存为影片播放文件，如图 3-125 所示。

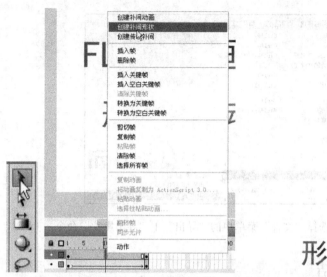

图 3-120　选择快捷菜单中的"创建补间形状"命令

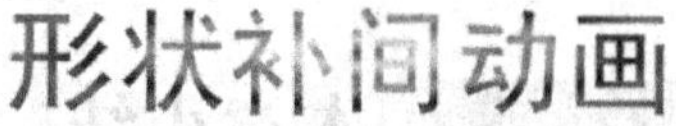

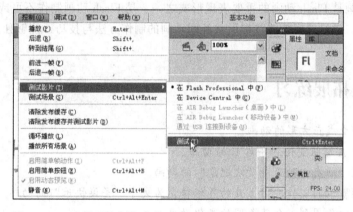

图 3-121　文字颜色的变化效果

图 3-122　选择"控制"菜单中的"测试影片"｜"测试"命令

图 3-123　动画效果

图 3-124　选择"文件"菜单中的"保存"命令

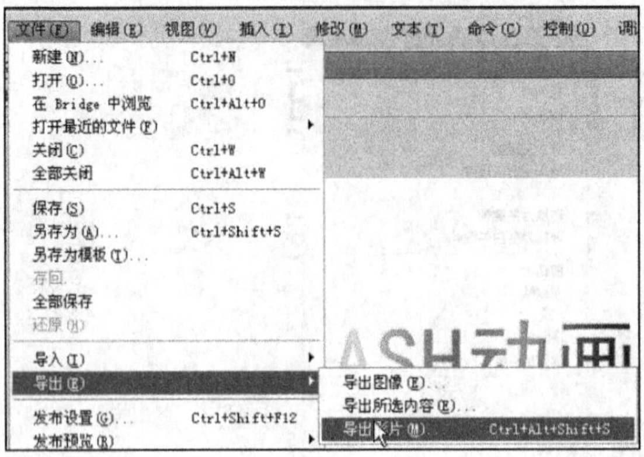

图 3-125　选择"文件"菜单中的"导出"│"导出影片"命令

本章小结

　　形状补间动画是 Flash 动画的重要表现形式之一，是 Flash 动画制作不可或缺的重要内容。通过本章的讲解，学习者应能够掌握形状补间动画的制作方法与技巧，能够独立完成形状补间动画的制作。

拓展练习

1. 完成由圆变成正方形的动画。
2. 制作字母 A 形状变化到字母 B 的动画。
3. 制作文字"朋友们"变成"欢迎您"的动画。
4. 完成圣诞贺卡的制作，由上升的气球转变为文字"圣诞快乐"的动画。
5. 制作五个红色圆到一个蓝色圆的变化动画。

第④章

→ 动作补间动画

学习目标：

- 熟练掌握相关工具的使用；
- 理解元件的概念及应用；
- 掌握"库"面板的应用；
- 理解动作补间动画的原理；
- 掌握动作补间动画的创建；
- 熟练制作动作补间动画。

4.1　相关知识

动作补间动画是 Flash 中非常重要的表现手法之一，与形状补间动画不同的是，动作补间动画的对象必须是元件或成组对象。运用动作补间动画可以设置对象的大小、位置、颜色、透明度、旋转等各种属性，配合其他的操作，甚至能达到仿 3D 的效果。

4.1.1　动作补间动画的概念

在 Flash "时间轴"面板的一个关键帧上放置一个元件，然后在另一个关键帧上改变这个元件的大小、颜色、位置、透明度等，Flash 根据这两个关键帧的内容创建中间的变化过程，称为动作补间动画。

4.1.2　动作补间动画的创建方法

首先，在"时间轴"面板上动画开始播放的位置创建或选择一个关键帧并设置一个元件，一帧中只能放一个对象，这里输入文字"春暖花开"，如图 4-1 所示。在该文字上右击，在弹出的快捷菜单中选择"转换为元件"命令，如图 4-2 所示，弹出"转换为元件"对话框，在"类型"下拉列表框选择"图形"，单击"确定"按钮，将文字转换为元件，如图 4-3 所示。然后，在动画结束处创建或选择一个关键帧并设置该元件的属性，这里以插入一个关键帧并移动文字的位置为例，如图 4-4、图 4-5 所示。最后，再单击这两个关键帧之间的任意一帧，选择"插入"菜单中的"传统补间"命令，也可以在两个关键帧之间的任意一帧上右击，在弹出的快捷菜单中选择"创建传统补间"命令，如图 4-6、图 4-7 所示。即完成动作补间动画的创建。

动作补间动画建立后，在这两个关键帧之间背景色变为淡蓝色，在起始帧和结束帧之间有一个长长的箭头，如图 4-8 所示。

图 4-1 工具箱中选择"文本工具"并输入文字"春暖花开"

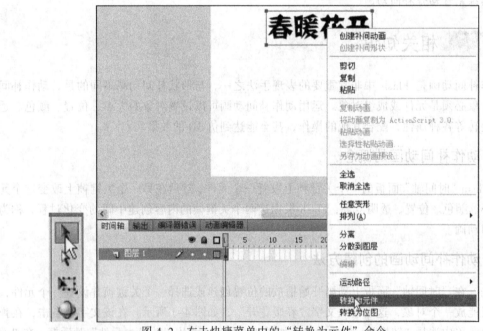

图 4-2 右击快捷菜单中的"转换为元件"命令

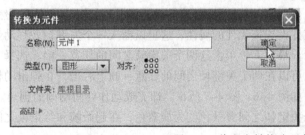

图 4-3 将文字转换为元件

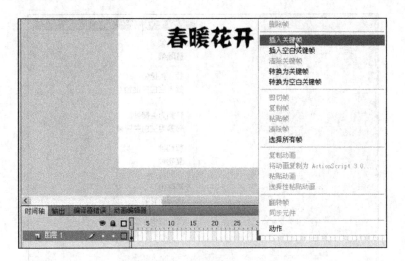

图 4-4 动画结束处插入关键帧

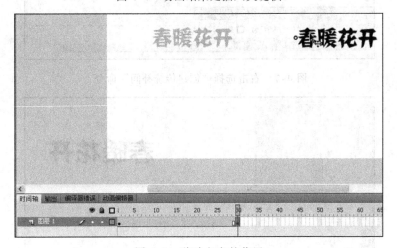

图 4-5 移动文字的位置

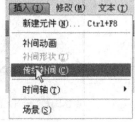

图 4-6 选择"插入"菜单中的"传统补间"命令

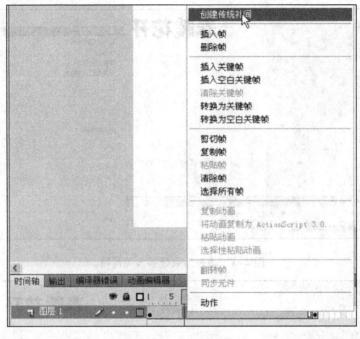

图 4-7　右击选择"创建传统补间"命令

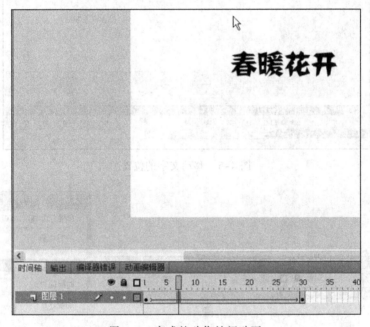

图 4-8　完成的动作补间动画

4.1.3　属性面板中对应的属性

在时间轴上动作补间动画的两个关键帧之间的任意一帧上单击，"属性"面板就会出现动作补间动画的对应属性，如图 4-9 所示。

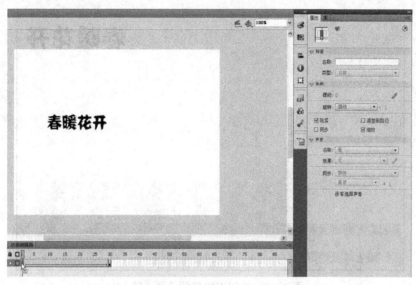

图 4-9　"属性"面板动作补间动画的对应属性

1.　"缓动"属性

该属性的值的范围是 –100～100，其中，在 – 100～0 的区间内，动画运动的速度从慢到快，向运动结束的方向加速补间。

例如，输入"–100"，如图 4-10 所示。然后将时间轴定位到第 1 帧，按回车键播放动画，如图 4-11 所示。观看动画效果，动画速度越来越快，即加速。

在 0～100 的区间内，动画运动的速度从快到慢，向运动结束的方向减速补间。

例如，输入"100"，如图 4-12 所示。然后将时间轴定位到第 1 帧，按回车键播放动画，如图 4-13 所示。观看效果，可以看到动画速度是越来越慢，即减速。

图 4-10　"缓动"属性值输入"–100"

图 4-11　按【Enter】键播放动画

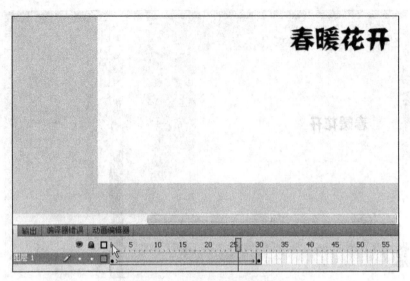

图 4-11 按回车键播放动画（续）

图 4-12 "缓动"属性值输入"100"

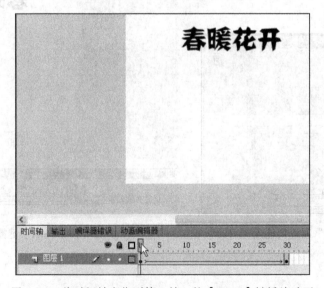

图 4-13 将时间轴定位到第 1 帧，按【Enter】键播放动画

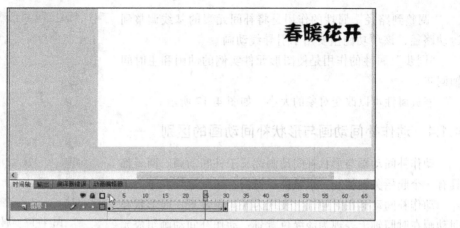

图 4-13 将时间轴定位到第 1 帧，按回车键播放动画（续）

在默认情况下，也就是没有设置"缓动"属性时，补间帧之间的变化速率是不变的，即匀速。

2. "旋转"属性

"旋转"属性包含四个选项，如图 4-14 所示。选择"无"（默认设置）将禁止元件旋转；选择"自动"使元件在需要最小动作的方向上旋转一次；选择"顺时针"（CW）或"逆时针"（CCW），并在后面输入数字，可使元件在运动时顺时针或逆时针旋转相应的圈数。

比如，选择顺时针，输入数字 2，如图 4-15 所示。然后将时间轴定位到第 1 帧，按回车键播放动画，如图 4-16 所示。观看动画效果，可以看到文字顺时针旋转了两圈。

图 4-14 "旋转"属性

图 4-15 设置"属性"面板

图 4-16 动画效果

此外，"贴紧"属性则可以根据其注册点将补间元素附加到运动路径，该功能主要用于引导线动画。

"调整到路径"属性的作用是将补间元素的基线调整到运动路径，该项功能主要用于引导线动画。

"同步"属性的作用是使图形元件实例的动画和主时间轴同步。

缩放属性可以改变对象的大小，如图 4-17 所示。

图 4-17　属性设置

4.1.4　动作补间动画与形状补间动画的区别

动作补间动画与形状补间动画都属于补间动画。两者都具有一个起始关键帧和一个结束关键帧，区别之处在于：

动作补间动画在时间轴上表现为淡蓝色背景，而形状补间动画在时间轴上表现为淡绿色背景；动作补间动画组成元素可以是影片剪辑、图形元件、按钮等，而形状补间动画组成元素是形状，如果使用图形元件、按钮、文字等则必先分离才能实现变形；动作补间动画主要用于实现一个对象的大小、位置、颜色、透明等变化，而形状补间动画主要用于实现两个形状之间的变化或一个形状的大小、位置、颜色等变化。

4.2　基础任务：文字移动

4.2.1　主题内容

本任务制作一个动作补间动画：文字沿着舞台四周移动，最终移动到舞台中间放大消失。本补间动画主要是改变了文字图形元件的位置、大小和透明度，如图 4-18 所示。

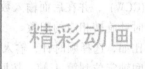

图 4-18　文字移动

4.2.2　涉及知识点

步骤 1：创建影片文档
知识点：影片文档的创建及属性设置。

步骤 2：输入文本并设置属性
知识点：文本工具的使用、文字的输入及属性设置、选择工具的使用、创建元件的方法。

步骤 3：创建补间动画
知识点：选择工具的使用、对象位置的移动、关键帧的插入、传统补间的创建。

步骤 4：设置文字渐隐效果
知识点：文字的选中及属性设置、任意变形工具的使用。

步骤 5：测试存盘
知识点：测试的方法、Flash 源文件的保存、影片播放文件的导出。

4.2.3　实现步骤

步骤 1：创建影片文档
打开 Flash 软件，在开始页中单击"新建"栏的"ActionScript 3.0"选项，新建一个影片文档，如图 4-19 所示。

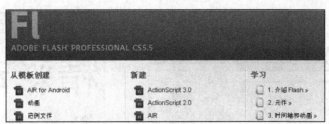

图 4-19　开始页

步骤 2：输入文本并设置属性

（1）在时间轴上选择图层 1 的第 1 帧，在工具箱中单击"文本工具"，"属性"面板中设置文字属性，"系列"为黑体，"大小"为 40 点，"颜色"为红色，如图 4-20 所示。

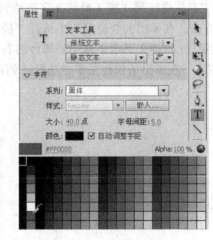

图 4-20　单击"文本工具"并设置属性

（2）在舞台中双击并输入文字"精彩动画"，如图 4-21 所示。利用"选择工具"选中刚输入的文字，如图 4-22 所示。选择"修改"菜单中的"转换为元件"命令（见图 4-23），在弹出的"转换为元件"对话框中设置类型为"图形"，名称为"精彩动画"，单击"确定"按钮，如图 4-24 所示。打开"库"面板，可以看到新创建的图形元件"精彩动画"，如图 4-25 所示。

图 4-21　输入文字　　　　图 4-22　利用"选择工具"　　　图 4-23　选择"修改"菜单中的
　　"精彩动画"　　　　　　　选中该文字　　　　　　　　　"转换为元件"命令

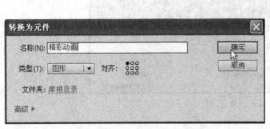

图 4-24 "转换为元件"对话框

图 4-25 "库"面板

步骤 3：创建补间动画

（1）使用"选择工具"将图层 1 第 1 帧的文字拖动到舞台的左上方，如图 4-26 所示。在时间轴上第 15 帧上右击，在弹出的快捷菜单中选择"插入关键帧"命令，如图 4-27 所示。使用"选择工具"在第 15 帧将文字水平拖动到舞台的右上方，如图 4-28 所示。在第 1 帧到 15 帧的任意一帧上右击，在弹出的快捷菜单中选择"创建传统补间"命令，如图 4-29 所示。

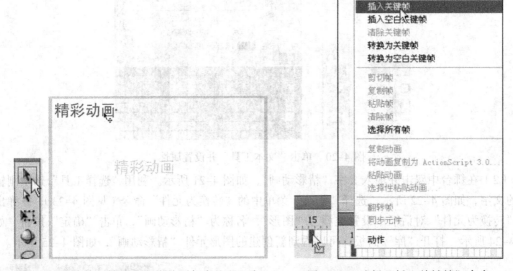

图 4-26 将第 1 帧的文字拖动到舞台的左上方　　　　图 4-27 选择"插入关键帧"命令

图 4-28 使用"选择工具"将第 15 帧的文字拖动到舞台的右上方

图 4-29　选择快捷菜单中的"创建传统补间"命令

（2）按照以上操作，在图层 1 的第 30 帧、第 45 帧、第 60 帧、第 75 帧、第 90 帧上分别插入关键帧，如图 4-30 所示。各帧文字对应的位置依次为舞台的右下方、左下方、左上方、舞台中间以及舞台中间，如图 4-31 所示。注意：在拖动文字元件时，为了保持水平或垂直拖动效果，可以在拖动元件的同时按住【Shift】键，分别依次在各关键帧之间任意一帧右击，在弹出的快捷菜单中选择"创建传统补间"命令，如图 4-32 所示。

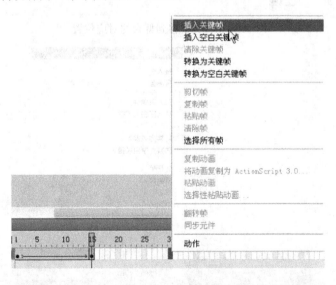

图 4-30　插入关键帧

图 4-31　将文字移到舞台的对应位置

（2）单击第40帧至60帧、第45帧、第60帧，将第90帧放到适当位置，将文字拖动到适当位置，使文字产生移动的效果。单击第75帧、第90帧，将文字拖到适当位置。用鼠标右键单击"时间轴"面板，在弹出的菜单中选择"创建传统补间"命令，如图 4-32 所示。

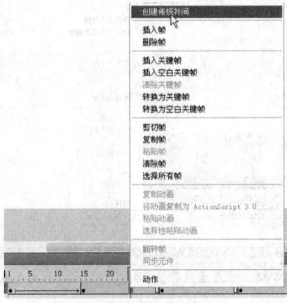

图 4-32　选择"创建传统补间"命令

步骤 4： 设置文字渐隐效果

选择图层 1 中的第 90 帧，选中该帧舞台上的文字"精彩动画"，如图 4-33 所示。在"属性"面板中将色彩效果中的"样式"选择为"Alpha"，"Alpha"值设置为 0，如图 4-34 所示。在工具箱中单击"任意变形工具"，将文字在原位置适当放大，如图 4-35 所示。

图 4-33　选中第 90 帧舞台上的文字"精彩动画"

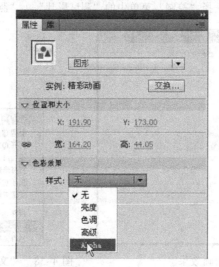

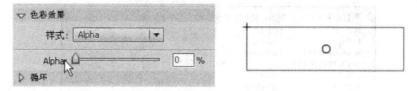

图 4-34　设置"样式"属性

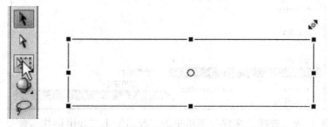

图 4-35　选择"任意变形工具"并将文字适当放大

步骤 5： 测试存盘

选择"控制"菜单中的"测试影片"｜"测试"命令，如图 4-36 所示。观察动画效果，如图 4-37 所示。选择"文件"菜单中的"另存为"命令，将动画保存为 Flash 源文件，如图 4-38 所示。另外，还可以选择"文件"菜单中的"导出"｜"导出影片"命令，将动画保存为影片播放文件，如图 4-39 所示。

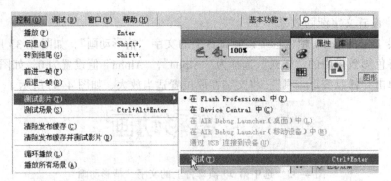

图 4-36　选择"控制"菜单中的"测试影片"｜"测试"命令

图 4-37　动画效果　　　　　　　　　图 4-38　"文件"菜单中的"另存为"命令

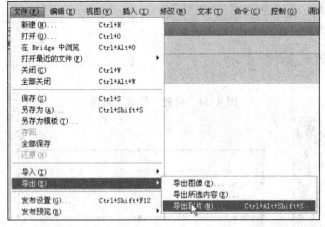

图 4-39　选择"文件"菜单中的"导出"｜"导出影片"命令

4.3　挑战任务：图片交替动画

4.3.1　主题内容

本任务制作两张图片交替出现的补间动画，主要是通过改变图片透明度实现补间动画，如

图 4-40 所示。

图 4-40 图片交替动画

4.3.2 涉及知识点

步骤 1： 创建影片文档

知识点：影片文档的创建及属性设置。

步骤 2： 制作图片 1 的效果

知识点：导入图片的方法、文档的设置、选择工具的使用、创建元件的方法、关键帧的插入、相关属性的设置、传统补间的创建。

步骤 3： 制作图片 2 的效果

知识点：新建图层的方法、导入图片的方法、选择工具的使用、相关属性的设置、创建元件的方法、关键帧的插入、传统补间的创建。

步骤 4： 测试存盘

知识点：测试的方法、Flash 源文件的保存、影片播放文件的导出。

4.3.3 实现步骤

步骤 1： 创建影片文档

打开 Flash 软件，在开始页中单击"新建"栏中的"ActionScript 3.0"选项，新建一个影片文档，如图 4-41 所示。

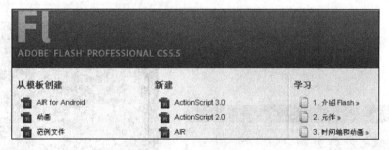

图 4-41 开始页

步骤 2： 制作图片 1 的效果

（1）选择"文件"菜单中的"导入"|"导入到舞台"命令，如图 4-42 所示。将"1.jpg"

图片导入"图层 1"第 1 帧的舞台,在弹出的对话框中单击"否"按钮,如图 4-43、图 4-44 所示,这样导入的只有"1.jpg"一张图片。

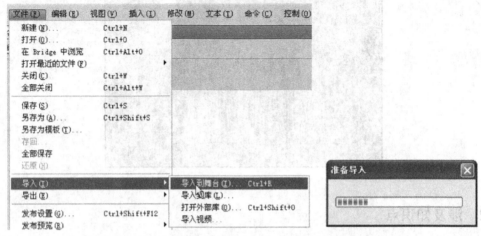

图 4-42 选择"文件"菜单中的"导入"|"导入到舞台"命令

图 4-43 "导入"对话框

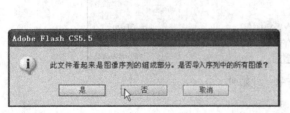

图 4-44 导入的图片

（2）选择"修改"菜单中的"文档"命令，如图4-45所示。在弹出的"文档设置"对话框中"匹配"项选择"内容"单选按钮，确定舞台大小与图片大小匹配，单击"确定"按钮，如图4-46所示。

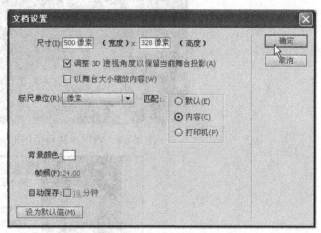

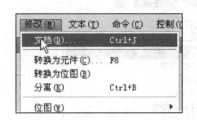

图 4-45 选择"文档"命令　　　　　　图 4-46 "文档设置"对话框

（3）使用"选择工具"选中该图片，如图 4-47 所示。选择"修改"菜单中的"转换为元件"命令，将该图片转换为图形元件，如图 4-48 所示。在第 15 帧、第 30 帧分别插入关键帧，如图 4-49 所示。选中时间轴上的第 15 帧之后，单击舞台上的图片，选中该图片，如图 4-50 所示。

图 4-47 使用"选择工具"选中该图片

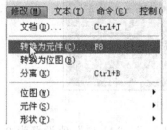 

图 4-48 将图片转换为图形元件

图 4-48 将图片转换为图形元件（续）

图 4-49 第 15、30 帧处插入关键帧

图 4-50 选择第 15 帧，并选中图片

（4）在"属性"面板中色彩效果的"样式"选择为"Alpha"，"Alpha"值设置为 0，如图 4-51 所示。分别在第 1 帧、第 15 帧上右击，在弹出的快捷菜单中选择"创建传统补间"命令，如图 4-52 所示。

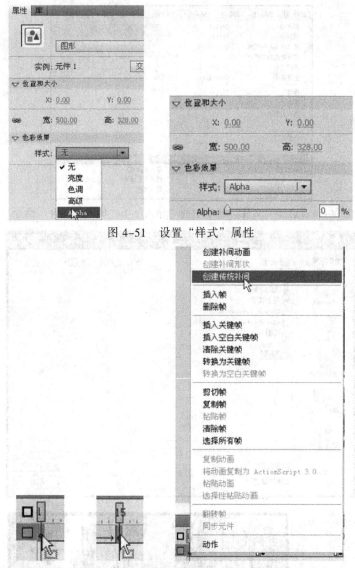

图 4-51　设置"样式"属性

图 4-52　第 1、15 帧处右击并选择"创建传统补间"命令

步骤3： 制作图片 2 的效果

（1）在时间轴左下角单击"新建图层"按钮，新建"图层 2"，如图 4-53 所示。选择"文件"菜单中的"导入" | "导入到舞台"命令，将"2.jpg"图片导入到"图层 2"第 1 帧的舞台，如图 4-54、图 4-55 所示。

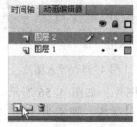

图 4-53　新建"图层 2"

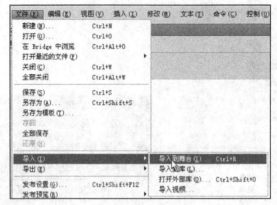

图 4-54 选择"文件"菜单中的"导入" | "导入到舞台"命令

图 4-55 导入图片

（2）使用"选择工具"选中该图片，如图 4-56 所示。在"属性"面板中将该图片的宽和高改成和"1.jpg"的宽和高相同的像素，即宽为 500，高为 328，保证两张图片大小尺寸一致，如图 4-57 所示。然后选择"修改"菜单中的"转换为元件"命令，将该图片转换为图形元件，如图 4-58、图 4-59 所示。

图 4-56　使用"选择工具"选中该图片

图 4-57　设置相关属性

图 4-58　选择"转换为元件"命令

图 4-59　"转换为元件"对话框

（3）在时间轴"图层 2"的第 15 帧、第 30 帧处右击，在弹出的快捷菜单中选择"插入关键帧"命令，分别插入关键帧，如图 4-60 所示。选中第 1 帧，单击第 1 帧舞台上的图片，选中对应的图片，如图 4-61 所示。在"属性"面板中将色彩效果中的"样式"选择为"Alpha"，"Alpha"值设置为 0，如图 4-62 所示。同样选中第 30 帧的图片，如图 4-63 所示。在"属性"面板中将色彩效果中的"样式"选择为"Alpha"，"Alpha"值设置为 0，如图 4-64 所示。分别在第 1 帧、第 15 帧处右击，在弹出的快捷菜单中选择"创建传统补间"命令，如图 4-65 所示。

图 4-60　图层 2 的第 15、30 帧插入关键帧

图 4-61　选中对应的图片

图 4-62　设置"样式"属性

图 4-63　选中对应的图片

图 4-64　设置"样式"属性

图 4-65 图层 2 的第 1、15 帧创建传统补间

步骤 4： 测试存盘

选择"控制"菜单中的"测试影片" | "测试"命令，如图 4-66 所示。观察动画效果，如图 4-67 所示。选择"文件"菜单中的"保存"命令，将动画保存为 Flash 源文件，如图 4-68 所示。另外，还可以选择"文件"菜单中的"导出" | "导出影片"命令，将动画保存为影片播放文件，如图 4-69 所示。

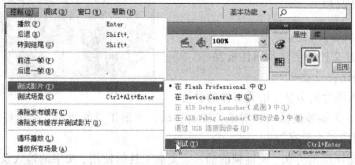

图 4-66 选择"控制"菜单中的"测试影片" | "测试"命令

图 4-67 动画效果

图 4-68 选择"文件"菜单中的"保存"命令

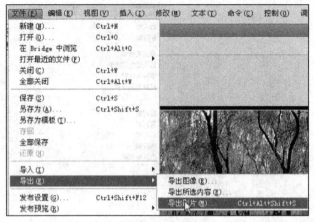

图 4-69　选择"文件"菜单中的"导出"｜"导出影片"命令

4.4　终极任务：带背景的光晕文字动画

4.4.1　主题内容

本任务制作带背景的光晕文字效果动画。该补间动画中主要是动画对象位置的平动、转动和颜色的变化，如图 4-70 所示。

4.4.2　涉及知识点

步骤 1：创建影片文档

知识点：影片文档的创建及属性设置。

步骤 2：创建背景动画

图 4-70　带背景的光晕文字动画

知识点：导入图片的方法、相关属性的设置、创建元件的方法、关键帧的插入、对象位置的移动、变形工具的使用、传统补间的创建。

步骤 3：制作"光晕字"

知识点：新建图层的方法、关键帧的插入、文本工具的使用、文字的输入及属性设置、 分离和打散的方法、墨水瓶工具的使用、选择工具的使用、剪切和粘贴的方法。

步骤 4：光晕效果

知识点：新建图层的方法、锁定图层的方法、剪切和粘贴的方法、将线条转换为填充的方法、软化填充边缘的方法、创建元件的方法、关键帧的插入、普通帧的插入、相关属性的设置。

步骤 5：测试存盘

知识点：测试的方法、Flash 源文件的保存、影片播放文件的导出。

4.4.3　实现步骤

步骤 1：创建影片文档

打开 Flash 软件，在弹出的对话框中选择"常规"选项卡中的"ActionScript 3.0"选项，设置右侧的帧频为 12 fps，背景色为白色，单击"确定"按钮，新建一个影片文档，如图 4-71、图 4-72 所示。

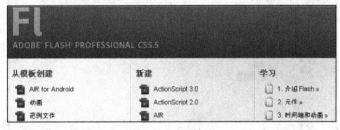

图 4-71　开始页

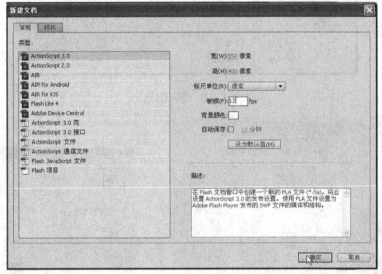

图 4-72　"新建文档"对话框

步骤 2：创建背景动画

（1）在"图层 1"制作图片从舞台外旋转飞入舞台作为动画背景。选择"文件"菜单中的"导入"｜"导入到舞台"命令，将"背景.jpg"图片导入到舞台，如图 4-73、图 4-74 所示。选中该图片，在"属性"面板中调整图片的宽、高和舞台大小一致，分别为 550 和 400 像素，如图 4-75、图 4-76 所示。选择"修改"菜单中的"转换为元件"命令，将该图片转换为图形元件，单击"确定"按钮，如图 4-77、图 4-78 所示。

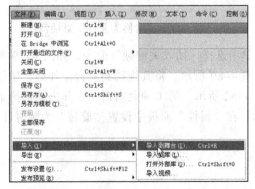
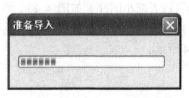

图 4-73　选择"文件"菜单中的"导入"｜"导入到舞台"命令

图 4-74 导入图片

图 4-75 选中该图片

图 4-76 设置相关属性

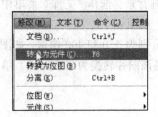

图 4-77 转换为元件

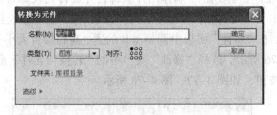

图 4-78 "转换为元件"对话框

（2）第 15 帧处右击，在弹出的快捷菜单中选择"插入关键帧"命令，如图 4-79 所示。选中第 1 帧，单击第 1 帧舞台上的图片，如图 4-80 所示。将其拖动到舞台左外侧，使用"任意变型工具"适当缩小图片，如图 4-81、图 4-82 所示。第 1 帧处右击，在弹出的快捷菜单中选择"创建传统补间"命令，如图 4-83 所示。在"属性"面板中设置"旋转"为顺时针，2 次，如图 4-84 所示。

图 4-79 第 15 帧处插入关键帧

图 4-80 选中第 1 帧舞台上的图片

图 4-81 图片调整到舞台左外侧

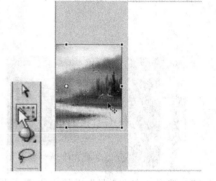

图 4-82 使用"任意变型工具"适当缩小图片

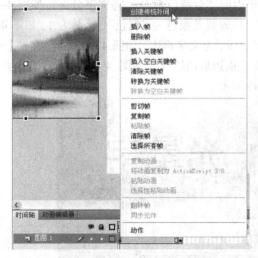

图 4-83 第 1 帧处创建传统补间

图 4-84 设置相关属性

步骤 3：制作"光晕字"

（1）在时间轴左下角单击"新建图层"按钮，新建"图层 2"，如图 4-85 所示。在该图层上的第 15 帧插入关键帧，如图 4-86 所示。选中该帧使用"文本工具"在舞台上输入"光晕字"三个字，如图 4-87 所示。选中该文字，在"属性"面板中设置文字属性，其中"系列"为黑体、"颜色"为黑色、"大小"为 80 点，如图 4-88 所示。

图 4-85 新建"图层 2"

图 4-86 第 15 帧处插入关键帧

图 4-87 选择"文本工具"并输入文字"光晕字"

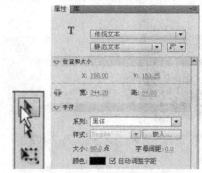

图 4-88 设置相关属性

（2）选中该文字，两次选择"修改"菜单中的"分离"命令，将文字分离，如图 4-89、图 4-90 所示。单击工具箱中的"墨水瓶工具"，设置线条颜色为"红色"，笔触为 1，如图 4-91、图 4-92 所示。用"墨水瓶工具"依次单击文字边线，为文字描边，如图 4-93 所示。按住【Shift】键的同时，使用"选择工具"依次选中文字所有描边后的边线，如图 4-94 所示。右击并在弹出的快捷菜单中选择"剪切"命令，如图 4-95 所示。

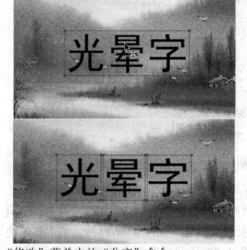

图 4-89 选择"修改"菜单中的"分离"命令

图 4-90 再次选择"修改"菜单中的"分离"命令

图 4-91 选择"墨水瓶工具" 图 4-92 设置相关属性

图 4-93 为文字描边

图 4-94 所有描边后的边线 图 4-95 右击，选择快捷菜单中的"剪切"命令

步骤 4：光晕效果

（1）在"图层 2"的上方新建"图层 3"，如图 4-96 所示。在"图层 3"的第 15 帧处插入关键帧后，锁定图层 2，如图 4-97、图 4-98所示。通过选择"编辑"菜单中的"粘贴到当前位置"命令将上一步骤剪切的描边边线原位粘贴到该帧上，如图 4-99 所示。单击"图层3"的第 15 帧，如图 4-100 所示。选择舞台上该帧文字的边线，选择"修改"菜单中的"形状"｜"将线条转换为填充"命令，如图 4-101所示。选择"修改"菜单中的"形状"｜"柔化填充边缘"命令，参数默认不变，如图 4-102、

图 4-96 新建"图层 3"

图 4-103 所示。再选择"修改"菜单中的"转化为元件"命令,将柔化后的边线转化为图形元件,如图 4-104、图 4-105 所示。

图 4-97　图层 3 的第 15 帧处插入关键帧

图 4-98　锁定图层 2

图 4-99　粘贴描边边线　　　　图 4-100　单击图层 3 的第 15 帧

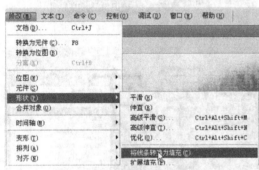

图 4-101　将线条转换为填充

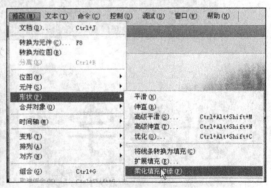

图 4-102　柔化填充边缘

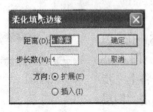

图 4-103　设置"柔化填充边缘"属性

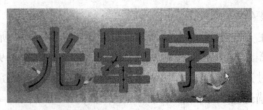

图 4-104 转化为元件

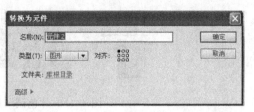

图 4-105 "转换为元件"对话框

（2）在"图层 3"的第 35 帧、第 55 帧、第 75 帧分别插入关键帧，如图 4-106 所示。修改第 15、第 35、第 55、第 75 帧对应的"属性"面板中颜色的"色调"属性，依次为红色、黄色、蓝色和绿色，如图 4-107～图 4-110 所示。依次选中第 15 帧、第 35 帧和第 55 帧，分别设置为"创建传统补间"动画，如图 4-111 所示。再分别在"图层 1"和"图层 2"的第 75 帧插入帧，将两个图层的内容延长到第 75 帧，如图 4-112 所示。

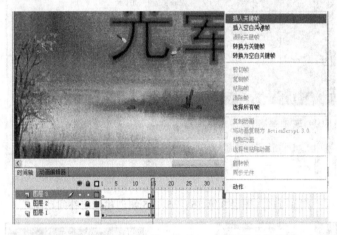

图 4-106 图层 3 的第 35、55、75 帧插入关键帧

图 4-107 "色调"属性为红色

图 4-108 "色调"属性为黄色　　　　　　　图 4-109 "色调"属性为蓝色

图 4-110 "色调"属性为绿色

图 4-111 图层 3 第 15、35、55 帧创建传统补间动画

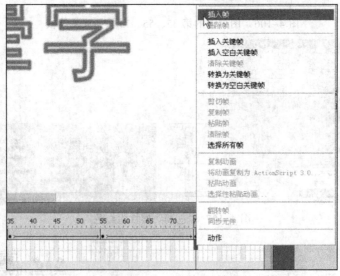

图 4-112 图层 1、2 的第 75 帧处插入帧

步骤 5：测试存盘

选择"控制"菜单中的"测试影片" | "测试"命令，如图 4-113 所示。观察动画效果有无问题，如图 4-114 所示。满意后可以选择"文件"菜单中的"另存为"命令，将动画保存为

Flash 源文件，如图 4-115 所示。另外，还可以选择"文件"菜单中的"导出" | "导出影片"命令，将动画保存为影片播放文件，如图 4-116 所示。

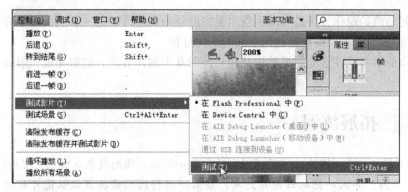

图 4-113 选择"控制"菜单中的"测试影片" | "测试"命令

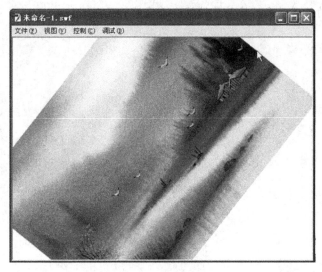

图 4-114 动画效果

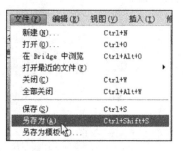

图 4-115 "另存为"命令

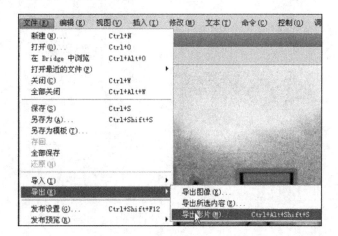

图 4-116 选择"导出影片"命令

本章小结

动画补间动画的制作方法是 Flash 应用最多的动画制作方法之一，只要建立好开始帧和结束帧，Flash 将根据这两个关键帧创建中间的变化过程。

通过本章的学习，读者应掌握动作补间动画的基本制作方法，能够完成一般动作补间动画的制作。

拓展练习

1. 制作动画：一个从左向右水平滚动、从大变小的圆，圆的颜色从红色变化到绿色并消失。

2. 制作动画：导入一张蝴蝶图片到库，在第一帧将圆形替换成蝴蝶图片并调整好大小，播放动画时所有圆形都变成了蝴蝶。最后一帧是圆形。

（注意：理解补间动画不是简单的位移动画，清楚关键帧和普通帧的区别。）

→ 遮 罩 动 画

学习目标：

- 熟练掌握相关工具的使用；
- 熟练对应面板的应用；
- 理解遮罩动画的原理；
- 掌握遮罩动画的创建；
- 熟练制作遮罩动画。

5.1　相关知识

在 Flash 作品中，常常可以看到很多神奇的动画效果，其中很多就是用遮罩制作技术完成的，如水波、万花筒、百叶窗、放大镜等效果。

5.1.1　遮罩动画的概念及用途

遮罩动画是 Flash 中的很重要的动画类型。在 Flash 的图层中有遮罩图层，为了得到特殊的显示效果，可以在遮罩层上创建一个任意形状的"视窗"，遮罩层下方的对象即被遮罩的内容可以通过该"视窗"显示出来，而"视窗"之外的对象将不会显示，即遮罩动画。

在 Flash 动画中，遮罩主要有两种用途：一个是用在整个场景或一个特定区域，使场景外的对象或特定区域外的对象不可见；另一个是用来遮罩住某一元件的一部分，从而实现一些特殊的效果。

5.1.2　遮罩动画的创建方法

首先在舞台上导入一张图片，如图 5-1、图 5-2 所示。在"属性"面板中调整图片的大小及坐标，以便图片与舞台重合，如图 5-3 所示。即完成遮罩动画背景的制作。

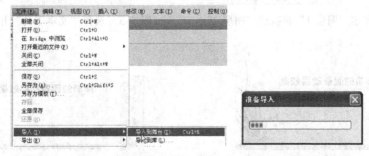

图 5-1　选择"文件"菜单中的"导入"|"导入到舞台"命令

图 5-2　导入图片

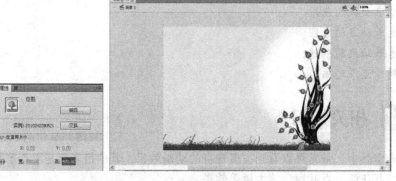

图 5-3　调整图片的大小及坐标

接下来新建一个图层，如图 5-4 所示。在该图层中，输入文字"神奇的遮罩动画效果"，适当调整文字的相应属性，如位置、颜色、字体、大小等，如图 5-5～图 5-7 所示。

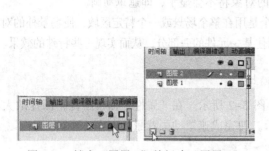

图 5-4　锁定"图层 1"并新建"图层 2"

图 5-5　选择"文本工具"并设置属性

图 5-6　输入文字

图 5-7 调整文字的位置

继续新建一个图层，如图 5-8 所示。在该图层中，绘制一个圆形，如图 5-9、图 5-10 所示。将该圆形转换为图形元件，如图 5-11～图 5-13 所示。让该圆形覆盖中间的一小部分文字，如图 5-14 所示。在该层的 20 帧插入关键帧，然后创建传统补间，如图 5-15、图 5-16 所示。在"图层 1"和"图层 2"的第 20 帧插入帧，如图 5-17 所示。调整第 20 帧的圆形，将其放大，使其覆盖整个文字范围，如图 5-18、图 5-19 所示。

图 5-8　新建"图层 3"并锁定"图层 2"　　　　图 5-9　选择"椭圆工具"

图 5-10　绘制圆形　　　　　　　　　　图 5-11　选中圆形

图 5-12　转换为元件　　　图 5-13　"转换为元件"对话框　　图 5-14　圆形覆盖部分文字

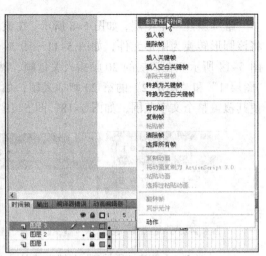

图 5-15　图层 3 的第 20 帧插入关键帧

图 5-16　创建传统补间

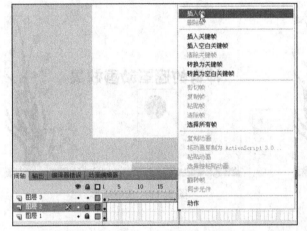

图 5-17　图层 1、2 的第 20 帧插入帧

图 5-18　选择图层 3 的第 20 帧

图 5-19　调整第 20 帧的圆形

　　在 Flash 中遮罩层是由普通图层转化而来的，只要在某个普通图层上右击，在弹出的快捷菜单中选择"遮罩层"命令，该图层就会变成遮罩层，层图标从普通层图标变为遮罩层图标，系统会自动把遮罩层下面的图层关联为被遮罩层，如果要关联更多被遮罩层，把普通图层拖动到被遮罩层下面即可。

　　现在，在圆形所在图层上右击，在弹出的快捷菜单中选择"遮罩层"命令，如图 5-20、图 5-21 所示。这样圆形所在图层被转换为遮罩层，该图层下方的图层被自动转换为被遮罩层，同时遮罩层与被遮罩层自动锁定，如图 5-22 所示。即可以在场景中直接观看效果，若要修改遮罩效果时则需要将遮罩层和被遮罩层的锁定解除。

　　在制作过程中，遮罩层经常遮挡下层的元件，影响显示，无法编辑，可以按下遮罩层"时间轴"面板的"将所有图层显示为轮廓"按钮，使遮罩层只显示边框形状，这种情况下，可以拖动边框调整遮罩图形的轮廓和位置。

　　将时间轴定位到第 1 帧，如图 5-23 所示。通过回车键播放动画，观看遮罩动画效果，如图 5-24 所示。遮罩层中的图形对象在播放时是不显示的。

图 5-20　选择"图层 3"

图 5-21　选择"遮罩层"命令

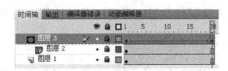

图 5-22　该图层变成遮罩层

图 5-23　时间轴定位到第 1 帧

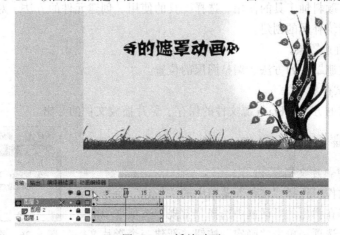

图 5-24　播放动画

5.1.3 遮罩动画的注意事项

不能用一个遮罩层试图遮蔽另一个遮罩层，遮罩层中的对象可以是按钮、影片剪辑、图形、位图、文字等，但不能是线条，如果一定要用线条，可以通过菜单中的"修改"|"形状"|"将线条转换为填充"命令来实现。被遮罩层中的对象只能透过遮罩层中的对象显示。被遮罩层中的对象可以是按钮，影片剪辑，图形，位图，文字，线条，但不能是动态文本。

遮罩层可以使用多种动画形式，可以在遮罩层、被遮罩层中分别或同时创建形状补间动画、动作补间动画、引导线动画等动画形式，从而使遮罩动画变成一个可以施展无限想象力的创作手段。虽然能够透过遮罩层中的对象看到被遮罩层中的对象及其属性（包括它们的变形效果），但是遮罩层中对象的许多属性，如渐变色、透明度、颜色和线条样式等却是被忽略的。比如，不能通过遮罩层的渐变色来实现被遮罩层的渐变色变化。

5.2 基础任务：文字遮罩动画

5.2.1 主题内容

本任务制作文字遮罩动画。任务中遮罩层的元素是文字，被遮罩层中使用的动画形式是动作补间动画，透过文字窗口可以看到渐变颜色矩形的运动，如图 5-25 所示。

图 5-25 文字遮罩动画

5.2.2 涉及知识点

步骤 1：创建影片文档
知识点：影片文档的创建及属性设置。
步骤 2：输入文本并设置属性
知识点：文本工具的使用、文本内容的输入及属性设置、选择工具的使用、对象位置的移动。
步骤 3：创建矩形移动补间动画
知识点：新建图层的方法、锁定图层的方法、矩形工具的使用、矩形的绘制及属性设置、设置颜色的方法、颜料桶工具的使用、选择工具的使用、创建元件的方法、对象位置的移动、关键帧的插入、传统补间的创建。
步骤 4：设置遮罩层
知识点：创建遮罩层的方法、调整图层的位置。
步骤 5：测试存盘
知识点：测试的方法、Flash 源文件的保存、影片播放文件的导出。

5.2.3 实现步骤

步骤 1：创建影片文档
打开 Flash 软件，选择"文件"菜单中的"新建"命令，如图 5-26 所示。在弹出的对话框中选择"常规"选项卡中的"Action Script3.0"选项，单击"确定"按钮，新建一个影片文

图 5-26 选择"新建"命令

档，如图 5-27 所示。

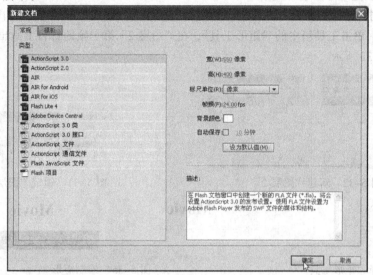

图 5-27　"新建文档"对话框

步骤 2：输入文本并设置属性

在"时间轴"面板上选择"图层 1"的第 1 帧，如图 5-28 所示。在工具箱单击"文本工具"，在舞台上输入内容"Movie"，如图 5-29 所示。选中文字在"属性"面板中可以设置相关的属性，包括样式、大小、颜色，这里默认值即可，如图 5-30 所示。单击工具箱中的"选择工具"，选中"Movie"，并拖动到适当位置，如图 5-31 所示。

图 5-28　选择图层 1 的第 1 帧

图 5-29　选择"文本工具"并输入内容"Movie"

图 5-30　设置相关属性

图 5-31　选中内容并调整到适当位置

步骤 3：创建矩形移动补间动画

（1）在"时间轴"面板左下角单击"新建图层"按钮，新建"图层 2"，如图 5-32 所示。锁定"图层 1"，单击工具箱中的"矩形工具"，在"图层 2"第 1 帧的舞台上画出一个矩形，如图 5-33～图 5-35 所示。

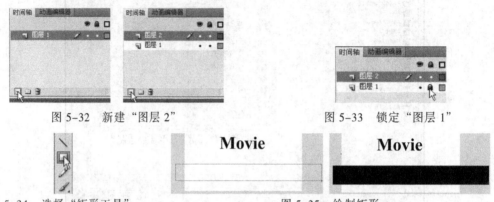

图 5-32 新建"图层 2"　　　　　　　　　图 5-33 锁定"图层 1"

图 5-34 选择"矩形工具"　　　　　　　　图 5-35 绘制矩形

（2）选择"窗口"菜单中的"颜色"命令，如图 5-36 所示。打开"颜色"面板，选择"颜色类型"为线性渐变，颜色"流"选择"重复颜色"，设置"笔触颜色"为白色，"填充颜色"为渐变色，如图 5-37～图 5-40 所示。

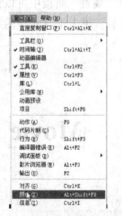

图 5-36 选择"窗口"菜单中的"颜色"命令　　　　图 5-37 "颜色"的属性设置

图 5-38 设置颜色"流"

（3）单击工具箱中的"颜料桶工具"，在矩形上一个小区间水平拖动填充出重复的渐变色，如图 5-41 所示。利用"选择工具"选中矩形区域，如图 5-42 所示。选择"修改"菜单中的"转化为元件"命令，将该矩形转换为图形元件，如图 5-43 所示。

（4）单击工具箱中的"选择工具"，移动矩形的位置，如图 5-44 所示。在第 1 帧处将矩形移动到舞台右侧，使矩形左边缘与文字左边缘对齐，如图 5-45 所示。在第 15 帧插入关键帧，并将矩形平行移动到舞台左侧，如图 5-46 所示。在"图层 1"的第 15 帧插入帧，将矩形平行移到舞台左侧，使矩形的右边缘与文字的右边缘对齐，如图 5-47 所示。在"图层 2"的第 1 帧处右击，在弹出的快捷菜单中选择"创建传统补间"命令，如图 5-48 所示。

图 5-39　设置"笔触颜色"　　　　　　图 5-40　设置"填充颜色"

图 5-41　选择"颜料桶工具"填充重复渐变色

图 5-42　利用"选择工具"选择矩形区域

图 5-43　将矩形转换为图形元件

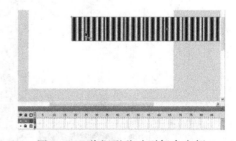

图 5-44　使用"选择工具"移动矩形位置　　　　图 5-45　将矩形移动到舞台右侧

步骤 4：设置遮罩层

拖动"图层 2"将其移动到"图层 1"下方，如图 5-49 所示。然后在"图层 1"上右击，

在弹出的快捷菜单中选择"遮罩层"命令，如图 5-50 所示。

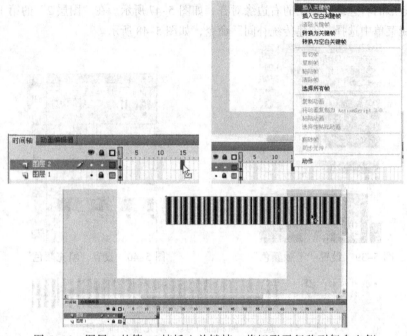

图 5-46　图层 2 的第 15 帧插入关键帧，将矩形平行移到舞台左侧

图 5-47　图层 1 的第 15 帧插入帧，将矩形平行移到舞台左侧

图 5-48　图层 2 的第 1 帧创建传统补间

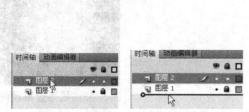

图 5-49 图层 2 移动到图层 1 下方   图 5-50 图层 1 转换为遮罩层

步骤 5：测试存盘

选择"控制"菜单中的"测试影片"｜"测试"命令，如图 5-51 所示。观察动画效果，如图 5-52 所示。选择"文件"菜单中的"另存为"命令，将动画保存为 Flash 源文件，如图 5-53 所示。另外，还可以选择"文件"菜单中的"导出"｜"导出影片"命令，将动画保存为影片播放文件，如图 5-54 所示。

图 5-51 选择"控制"菜单中的"测试影片"｜"测试"命令   图 5-52 动画效果

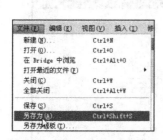
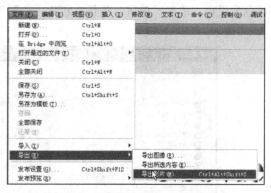

图 5-53 选择"文件"菜单中的   图 5-54 选择"文件"菜单中的
　　　　"另存为"命令　　　　　　　　　　　　"导出"｜"导出影片"命令

5.3　挑战任务：线条遮罩动画

5.3.1　主题内容

本任务制作线条遮罩的动画。任务中遮罩层的元素是线条，需要将遮罩层中的线条转化为填充，被遮罩层中使用的是线条，如图 5-55 所示。

图 5-55　线条遮罩动画

5.3.2　涉及知识点

步骤 1： 创建影片文档

知识点：影片文档的创建及属性设置。

步骤 2： 制作花瓣

知识点：椭圆工具的使用、椭圆的绘制及属性设置、颜料桶工具的使用、设置颜色的方法、变形工具的使用。

步骤 3： 制作放射线的影片剪辑

知识点：创建元件的方法、线条工具的使用、线条的绘制及属性设置、选择工具的使用、复制和粘贴的方法、新建图层的方法、将线条转换为填充的方法、任意变形工具的使用、传统补间的创建、相关属性的设置。

步骤 4： 制作遮罩动画

知识点：关键帧的插入、调整图层的位置、创建遮罩层的方法、应用元件的方法。

步骤 5： 测试存盘

知识点：测试的方法、Flash 源文件的保存、影片播放文件的导出。

5.3.3　实现步骤

步骤 1： 创建影片文档

打开 Flash 软件，选择"文件"菜单中的"新建"命令，如图 5-56 所示。在弹出的对话框中选择"常规"选项卡中的"Action Script3.0"选项，并设置舞台宽和高均为 200 像素，背景颜色为黑色，单击"确定"按钮，新建一个影片文档，如图 5-57 所示。

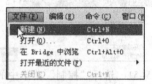

图 5-56　选择"新建"命令

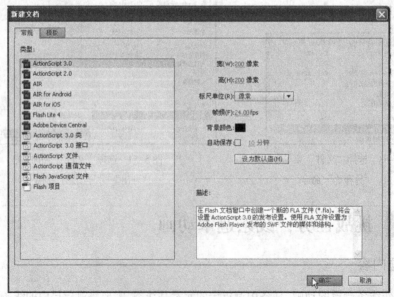

图 5-57　"新建文档"对话框

步骤 2：制作花瓣

（1）在工具箱中单击"椭圆工具"，在"图层 1"第 1 帧的舞台上画出一个竖向椭圆，如图 5-58 所示。单击工具箱中的"颜料桶工具"，然后选择"窗口"菜单中的"颜色"命令，如图 5-59 所示。打开"颜色"面板，选择"颜色"面板中"颜色类型"为径向渐变，颜色"流"选择为扩展颜色，设置"填充颜色"左侧为黄色，右侧为红色的径向渐变色，

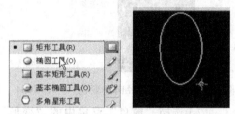

图 5-58　选择"椭圆工具"，画出竖向椭圆

如图 5-60、图 5-61、图 5-62 所示。使用"颜料桶工具"在椭圆中下部单击，为椭圆填充径向渐变色，如图 5-63 所示。在工具箱中单击"任意变形工具"，将椭圆的旋转中心点拖动到椭圆的下边缘，如图 5-64 所示。

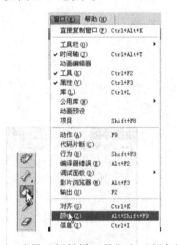

图 5-59　选择"颜料桶工具"和"颜色"命令　　　　图 5-60　设置"颜色"属性

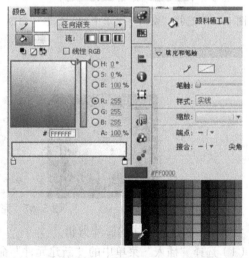

图 5-61　设置"填充颜色"左侧为黄色　　图 5-62　设置"填充颜色"右侧为红色的径向渐变色

 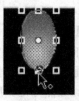 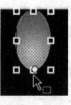

图 5-63　椭圆填充径向渐变色　　图 5-64　选择"任意变形工具"，将椭圆的旋转中心点拖动到下边缘

（2）选择"窗口"菜单中的"变形"命令，如图 5-65 所示。打开"变形"面板，设置"旋转"角度为 45°，如图 5-66 所示。然后单击 7 次"变形"面板右下侧的"复制并应用"按钮，使花瓣以旋转中心点为圆心，以长轴为半径旋转 45°并复制，如图 5-67 所示，直到形成一个完整"花"的效果。

图 5-65　选择"窗口"菜单中的"变形"命令　　图 5-66　设置"变形"属性

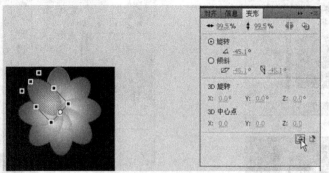

图 5-67　完整花的效果

步骤 3：制作放射线的影片剪辑

（1）选择"插入"菜单中的"新建元件"命令，新建一个影片剪辑元件，如图 5-68 所示。单击工具箱中的"线条工具"，如图 5-69 所示。单击工具箱中的"笔触颜色"按钮，在"颜色"中选择黄色，如图 5-70 所示。在影片剪辑元件的"图层 1"第 1 帧的舞台上从中心点向外径向画出一些黄色放射线条，如图 5-71 所示。

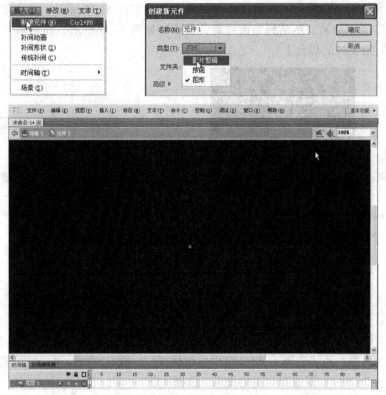

图 5-68　新建影片剪辑元件

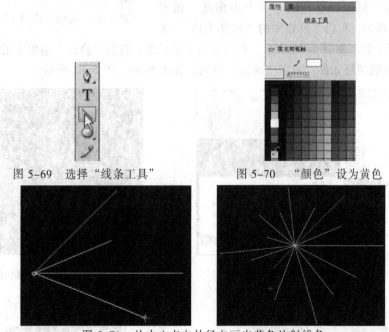

图 5-69　选择"线条工具"　　　　　图 5-70　"颜色"设为黄色

图 5-71　从中心点向外径向画出黄色放射线条

（2）单击工具箱中的"选择工具"，双击"图层 1"的第 1 帧并选中舞台上这些线条，如图 5-72 所示。选择"编辑"菜单中的"复制"命令复制线条，如图 5-73 所示。单击"时间

轴"面板左下角的"新建图层"按钮，插入"图层 2"，如图 5-74 所示。在"图层 2"第 1 帧
上选择"编辑"菜单中的"粘贴到当前位置"命令，如图 5-75 所示。即粘贴"图层 1"的线
条到"图层 2"第 1 帧的舞台上。

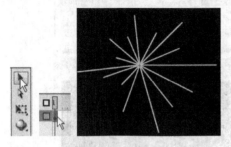

图 5-72　利用"选择工具"选中线条　　　图 5-73　选择"编辑"菜单中的"复制"命令

图 5-74　新建"图层 2"　　　　　　　图 5-75　选择"粘贴到当前位置"命令

　（3）单击工具箱中的"选择工具"，选中"图层 1"
第 1 帧，如图 5-76 所示。双击舞台上的线条，选择"修
改"菜单中"形状"|"将线条转换为填充"命令，使用
"任意变形工具"顺时针旋转线条一个小角度，如图
5-77、图 5-78 所示。单击工具箱中的"选择工具"，选

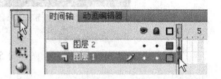

图 5-76　选中"图层 1"的第 1 帧

中"图层 2"第 1 帧，如图 5-79 所示。双击舞台上的线条，选择"修改"菜单中的"转换为元
件"命令，转换成图形元件，单击"确定"按钮，如图 5-80、图 5-81 所示。

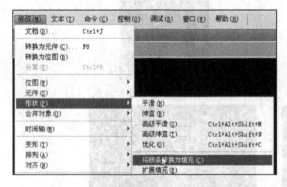

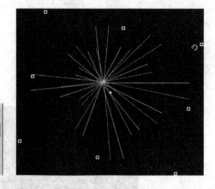

图 5-77　"将线条转换为填充"命令　　　图 5-78　选择"任意变形工具"，顺时针旋转线条

图 5-79　选中"图层 2"的第 1 帧　　　　图 5-80　选择"转换为元件"命令

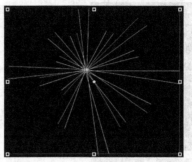

图 5-81 转换为图形元件

（4）在"图层2"的第30帧处右击，在弹出的快捷菜单中选择"插入关键帧"命令，如图 5-82 所示。选择第 1 帧并设置为"创建传统补间"动画，在"属性"面板中设置"旋转"为顺时针，2 次，如图 5-83、图 5-84 所示。

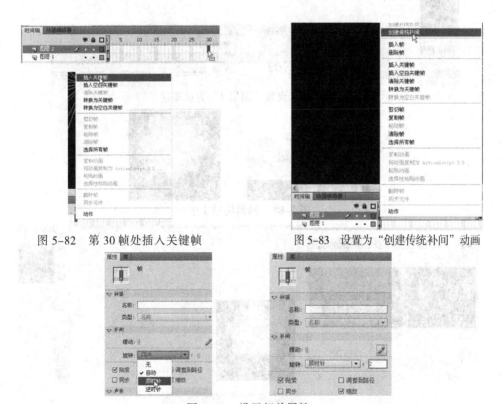

图 5-82 第 30 帧处插入关键帧　　图 5-83 设置为"创建传统补间"动画

图 5-84 设置相关属性

步骤 4： 制作遮罩动画

在"图层1"的第30帧处右击，在弹出的快捷菜单中选择"插入帧"命令，延续第 1 帧内容到第 30 帧，如图 5-85 所示。将"图层 1"拖动到"图层 2"的上方，在"图层 1"右击，在弹出的快捷菜单中选择"遮罩层"命令，设置"图层 1"为遮罩层，如图 5-86、图 5-87 所示。回到场景 1 中，选择"库"面板，单击"元件 1"将影片剪辑从库中拖动到"花"上即可，如图 5-88、图 5-89 所示。

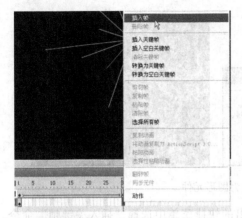

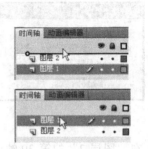

图 5-85　图层 1 的第 30 帧处插入帧　　　　　图 5-86　"图层 1"位于"图层 2"的上方

图 5-87　设置"图层 1"为遮罩层

图 5-88　回到场景 1 中

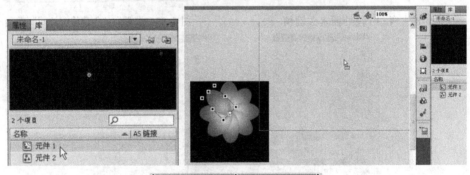

图 5-89　选择"库"面板，将影片剪辑拖动到"花"上

步骤 5：测试存盘

选择"控制"菜单中的"测试影片"｜"测试"命令，如图 5-90 所示。观察动画效果，如图 5-91 所示。选择"文件"菜单中的"另存为"命令，将动画保存为 Flash 源文件，如图 5-92 所示。另外，还可以选择"文件"菜单中的"导出"｜"导出影片"命令，将动画保存为影片播放文件，如图 5-93 所示。

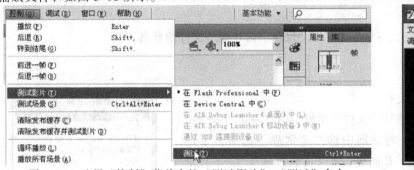

图 5-90　选择"控制"菜单中的"测试影片"｜"测试"命令　　　图 5-91　动画效果

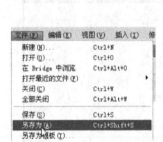
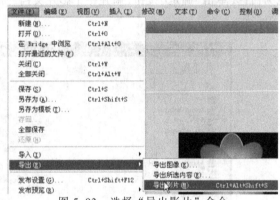

图 5-92　选择"另存为"命令　　　图 5-93　选择"导出影片"命令

5.4　终极任务：图片遮罩动画

5.4.1　主题内容

本任务制作图片遮罩"冬与夏的风景"的动画效果。任务中利用导入的图片素材，制作五角星遮罩，同时制作文字遮罩，使动画更丰富，如图 5-94 所示。

5.4.2　涉及知识点

步骤 1：创建影片文档

知识点：影片文档的创建及属性设置。

图 5-94　图片遮罩动画

步骤 2：导入两个图片素材，并画出五角星

知识点：导入图片的方法、相关属性的设置、新建图层的方法、多角星形工具的使用、五角星的绘制及属性设置。

步骤 3：制作五角星遮罩

知识点：创建元件的方法、关键帧的插入、任意变形工具的使用、传统补间的创建、相关属性的设置、普通帧的插入、创建遮罩层的方法。

步骤 4：制作文字遮罩

知识点：新建图层的方法、导入图片的方法、文本工具的使用、文字的输入及属性设置、选择工具的使用、对象位置的移动、关键帧的插入、传统补间的创建、创建遮罩层的方法。

步骤 5：测试存盘

知识点：测试的方法、Flash 源文件的保存、影片播放文件的导出。

5.4.3 实现步骤

步骤 1：创建影片文档

打开 Flash 软件，选择"文件"菜单中的"新建"命令，在弹出的"新建文档"对话框中选择"常规"选项卡下的"ActionScript 3.0"选项，在面板右侧设置帧频为 12 fps，背景颜色为白色，单击"确定"按钮，新建一个影片文档，如图 5-95、图 5-96 所示。

图 5-95 选择"新建"命令

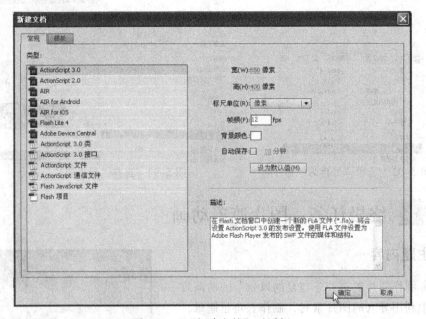

图 5-96 "新建文档"对话框

步骤 2：导入两个图片素材，并画出五角星

（1）在"图层 1"中选择"文件"菜单中的"导入"|"导入到舞台"命令，导入"冬.jpg"图片，在"属性"面板中修改图像大小与舞台大小相同，宽为 550 px、高为 400 px，图像的位置 X、Y 的值都设置为 0，使图像与舞台边缘对齐，如图 5-97～图 5-99 所示。在"时间轴"面板左下角单击"新建图层"按钮，新建"图层 2"，在"图层 2"的第 1 帧用同样的方法导入"夏.jpg"图片素材，并调整图片高、宽像素和位置坐标，同"图层 1"的第 1 帧，如图 5-100～图 5-103 所示。

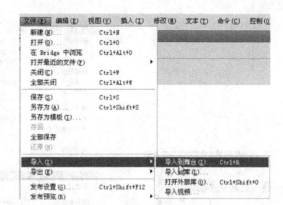

图 5-97　选择"文件"菜单中的"导入"|"导入到舞台"命令

图 5-98　导入图片

图 5-99　设置相关属性

图 5-100　新建"图层 2"

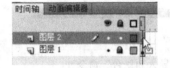

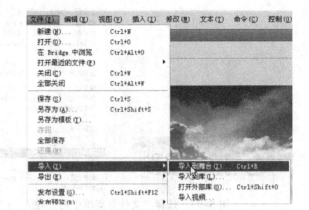

图 5-101　选择"文件"菜单中的"导入"|"导入到舞台"命令

图 5-102　导入图片　　　　　　　　图 5-103　调整属性同图层 1 的第 1 帧

（2）单击"时间轴"面板左下角的"新建图层"按钮，新建"图层 3"并选中该图层的第 1帧，如图 5-104 所示。选择工具箱中的"多角星形工具"，在"属性"面板中设置"样式"为实线，然后单击面板下部的"选项"按钮，在弹出的"工具设置"对话框中设置"样式"为星形、"边数"为 5，点击"确定"按钮，如图 5-105、图 5-106 所示。用设置好参数的"多角星形工具"在舞台上画出五角星，使用"选择工具"双击五角星边线，选中后按【Delete】键删除边线，如图 5-107～图 5-109 所示。

图 5-104　新建图层 3 并选中第 1 帧　　　　图 5-105　选择"多角星形工具"

图 5-106　设置相关属性 図 5-107　画出的五角星

图 5-108　使用"选择工具"，双击五角星边线

图 5-109　删除边线

步骤 3：制作五角星遮罩

（1）选中五角星，选择"修改"菜单中的"转换为元件"命令，将五角星转换为图形元件，如图 5-110、图 5-111 所示。在"图层 3"的第 35 帧处右击，在弹出的快捷菜单中选择"插入关键帧"命令，并选中该帧，单击工具箱中的"任意变形工具"，将五角星放大，使其覆盖整个舞台。在放大操作过程中五角星超出了舞台范围，为了便于操作可以修改舞台显示比例为 50%，如图 5-112、图 5-113、图 5-114、图 5-115 所示。选择第 1 帧设置"创建传统补间"动画，在其"属性"面板中选择"旋转"项为顺时针，1 次，如图 5-116、图 5-117 所示。

图 5-110　选中五角星

图 5-111　将五角星转换为图形元件

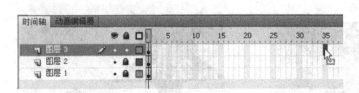

图 5-112 第 35 帧处右击选择快捷菜单中的"插入关键帧"命令

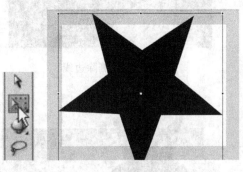

图 5-113 选择"任意变形工具"

图 5-114 调整五角星

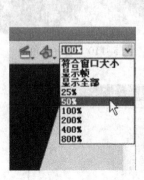

图 5-115 将五角星覆盖住整个舞台

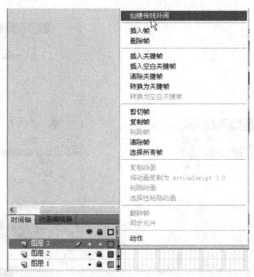

图 5-116　选择图层 3 第 1 帧设置为"创建传统补间"动画

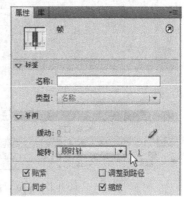

图 5-117　设置相关属性

（2）分别在"图层 1"和"图层 2"的第 35 帧处右击，在弹出的快捷菜单中选择"插入帧"命令，延续第 1 帧的内容到第 35 帧，如图 5-118 所示。在"图层 3"上右击，在弹出的快捷菜单中选择"遮罩层"命令，将其设置为遮罩层，如图 5-119 所示。

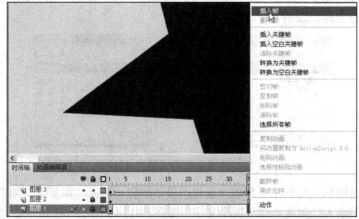

图 5-118　图层 1、图层 2 的第 35 帧处右击选择快捷菜单中的【插入帧】命令

图 5-119　设置遮罩层

步骤 4：制作文字遮罩

（1）单击"时间轴"面板左下角的"新建图层"按钮，插入"图层 4"，选择"文件"菜单中的"导入"|"导入到舞台"命令，导入图片"枫叶.jpg"。在"属性"面板中将该图片的高度设置为 100，如图 5-120～图 5-122 所示。然后选择"修改"菜单中的"转换为元件"命令，将图片转换为图形元件，如图 5-123 所示。

图 5-120　新建"图层 4"

（2）单击"时间轴"面板左下角的"新建图层"按钮，插入"图层 5"，在第 1 帧的舞台上使用"文本工具"输入"图片遮罩"四个文字，如图 5-124、图 5-125 所示。利用"选择工具"选中文字，在"属性"面板中设置参数，"系列"为黑体，"大小"为 50，将文字移动到舞台的中下部，如图 5-126～图 5-128 所示。

图 5-121　导入图片

图 5-122　设置属性

图 5-123　将图片转换为图形元件

图 5-124　新建"图层 5"

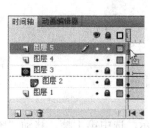

图 5-125　选择"文本工具"并输入"图片遮罩"四个字

图 5-126　利用"选择工具"选中文字

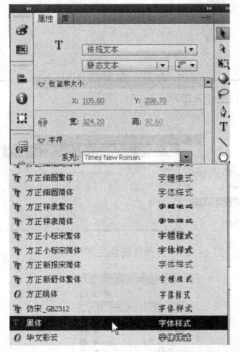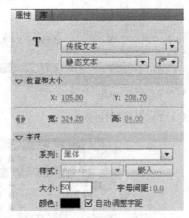

图 5-127　设置相关属性

图 5-128　将文字移动到舞台的中下部

（3）在"图层 4"的第 35 帧处插入关键帧后，如图 5-129 所示。选中第 1 帧，移动"图层 4"中的图片位置，使第 1 帧中图片左边缘与"图层 5"中的文字左边缘对齐；再选中第 35 帧，移动图片使第 35 帧中图片的右边缘与文字的右边缘对齐，如图 5-130～图 5-133 所示。右击"图层 4"的第 1 帧，在弹出的快捷菜单中选择"创建传统补间"命令，在"图层 5"上右击，在弹出的快捷菜单中选择"遮罩层"命令，设置为遮罩层，如图 5-134、图 5-135 所示。

图 5-129　图层 4 的第 35 帧处插入关键帧

图 5-130　选中图层 4 的第 1 帧　　　　　图 5-131　调整图片位置

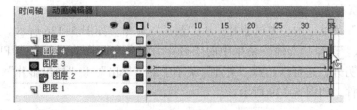

图 5-132　选中图层 4 的第 35 帧

图 5-133　调整图片位置

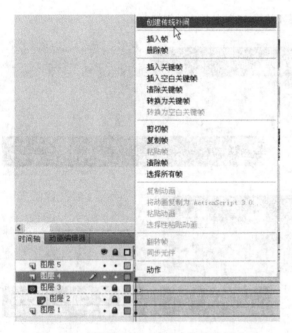

图 5-134　图层 4 第 1 帧创建传统补间动画

图 5-135　图层 5 设置为遮罩层

步骤 5：测试存盘

选择"控制"菜单中的"测试影片" | "测试"命令，如图 5-136 所示。观看动画效果，如图 5-137 所示。选择"文件"菜单中的"另存为"命令，将动画保存为 Flash 源文件，如图 5-138 所示。另外，还可以选择"文件"菜单中的"导出" | "导出影片"命令，将动画保存为影片播放文件，如图 5-139 所示。

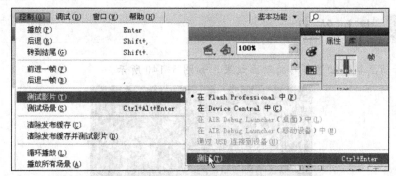

图 5-136　选择"控制"菜单中的"测试影片"|"测试"命令

图 5-137　动画效果

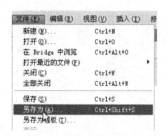

图 5-138　选择"另存为"命令

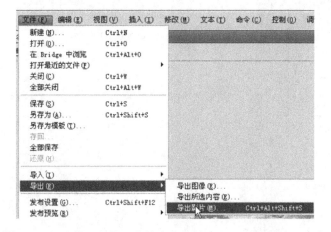

图 5-139　选择"文件"菜单中的"导出"|"导出影片"命令

本章小结

　　遮罩动画是 Flash 中的一个很重要的动画类型，很多效果丰富的动画都是通过遮罩动画来完成的。通过本章的学习，读者要理解有关遮罩动画的相关知识，掌握利用 Flash 制作遮罩动画的一般方法，进一步熟悉 Flash 工具和菜单命令的使用。

拓展练习

利用遮罩动画制作红星闪闪的动画效果，如图 5-140 所示。

图 5-140　红星闪闪

➡ 引导线动画

学习目标

- 熟练掌握相关工具的使用；
- 熟练对应面板的应用；
- 理解引导线动画的原理；
- 掌握引导线动画的创建；
- 熟练制作引导线动画。

6.1　相关知识

设置关键帧，有时无法实现一些复杂的动画效果，比如有很多运动是弧线运动或不规则的运动，像树叶飘落、小鸟飞翔、星体运动等按轨迹运动的动画效果，这时就需要应用引导线动画。

6.1.1　引导线动画的概念

Flash 提供了一种简单的方法来实现对象沿着复杂路径移动的效果，即引导层。带引导层的动画又称轨迹动画或引导线动画。

6.1.2　引导线的制作原理

引导层的原理就是把画出的线条作为动作补间元件的轨道。一个最基本的引导线动画是由两个图层组成，上面一层是引导层，引导层是用来指示元件运行路径的，所以引导层中的内容可以是用钢笔工具、铅笔工具、线条工具、椭圆工具、矩形工具或画笔工具等绘制出的线条；下面一层是被引导层，被引导层中的对象以引导线为运动路径，可以使用影片剪辑、图形元件、按钮、文字等，但不能是形状，如图 6-1 所示。制作引导线动画的过程实际就是对引导层和被引导层的编辑过程。

图 6-1　引导层和被引导层

6.1.3 引导线动画的创建方法

首先创建影片文档，在"图层 1"的第 1 帧绘制一个圆形，将该圆形转换为元件，在该层上右击，在弹出的快捷菜单中选择"添加传统运动引导层"命令，即为"图层 1"添加了运动引导层，如图 6-2～图 6-8 所示。

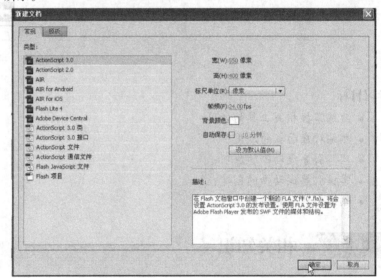

图 6-2　新建影片文档

图 6-3　工具栏中选择"椭圆工具"　　　　　图 6-4　设置填充颜色

图 6-5　舞台上画圆形　　　　　　　　图 6-6　利用"选择工具"选中该圆形

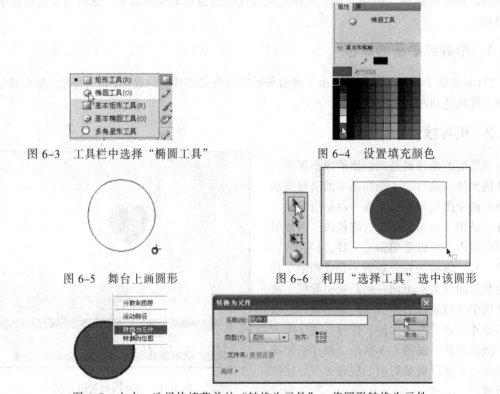

图 6-7　右击，选择快捷菜单的"转换为元件"，将圆形转换为元件

选择运动引导层的第 1 帧，使用"直线工具"绘制一条直线，然后使用"选择工具"将该直线拖动成弧形，运动轨迹制作完成，如图 6-9～图 6-12 所示。在该层的第 20 帧插入帧，如图 6-13 所示。

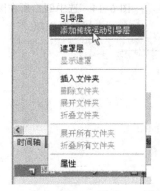

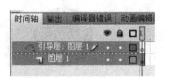

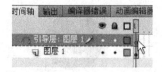

图 6-8　添加运动引导层　　　　　　　　　　图 6-9　选择运动引导层的第 1 帧

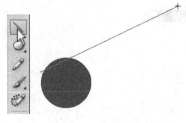

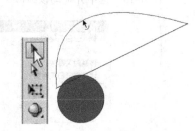

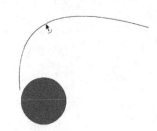

图 6-10　绘制直线　　　　　　图 6-11　将直线拖动成弧形　　　　　图 6-12　运动轨迹

图 6-13　引导层的第 20 帧插入帧

绘制引导线时，需要注意以下几点：

（1）引导线不能是封闭的曲线，要有起点和终点；

（2）起点和终点之间的线条必须是连续的，不能间断，可以是任何形状；

（3）引导线在最终生成动画时是不显示的。

接下来选中圆形所在图层的第 1 帧，然后选中并拖动该圆形，使圆形的注册点与引导线的一个端点重合，如图 6-14、图 6-15 所示；在该层的第 20 帧插入关键帧，选中并拖动该帧的圆形，使圆形的注册点与引导线的另一个端点重合，如图 6-16、图 6-17 所示。最后，为该层创建传统补间，如图 6-18 所示。

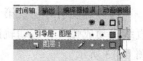

图 6-14　选中圆形所在图层的第 1 帧

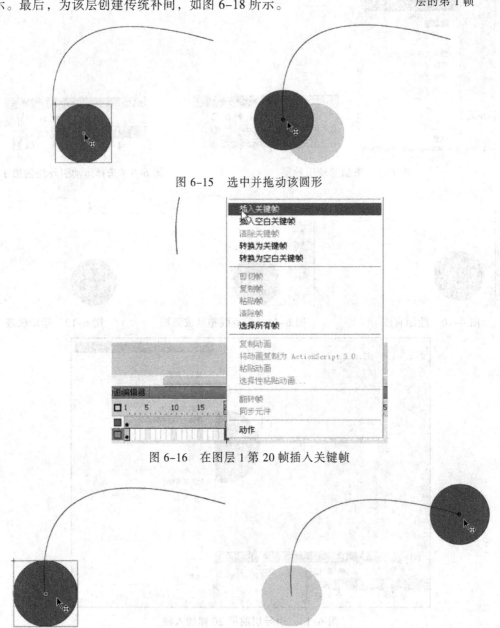

图 6-15　选中并拖动该圆形

图 6-16　在图层 1 第 20 帧插入关键帧

图 6-17　选中并拖动该帧的圆形

至此一个基本的引导线动画制作完毕，将鼠标指针定位到第 1 帧，通过【Enter】车键播放动画，圆形沿着弧形轨迹移动，如图 6-19、图 6-20 所示。

图 6-18　创建传统补间

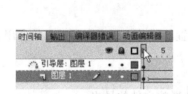

图 6-19　选择图层 1 的第 1 帧

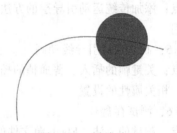

图 6-20　播放动画

　　此外将已有图层转换为引导层，也可以通过右击该图层，在弹出的快捷菜单中选择"属性"命令，打开"图层属性"对话框，在"类型"中选择"引导层"，即可将已有图层转换为引导层。

6.1.4　引导线动画的制作要点

　　（1）一般将移动的对象单独放在一个图层作为被引导层，在此图层上方添加引导层。

　　（2）引导层一定要放在被引导层的上方。引导层中只绘制运动路径，被引导层中设置动作补间动画，并且要分别将被引导层起始和结束关键帧中对象的注册点附到引导线的起点和终点。

　　（3）被引导层中的对象在被引导运动时，可以通过"属性"面板进行更细致的设置。其中，"紧贴"属性则可以根据其注册点将补间元素附加到运动路径，该功能也主要用于引导线动画。"调整到路径"属性的作用是将补间元素的基线调整到运动路径，该项功能主要用于引导线动画。"同步"属性的作用是使图形元件实例的动画和主时间轴同步。"缩放"选项可以改变对象大小。

6.2 基础任务：飞机特技

6.2.1 主题内容

本任务将制作基本引导线动画,利用素材制作飞机飞行轨迹的动画,掌握基本引导线的制作方法,了解引导线动画的原理,如图 6-21 所示。

图 6-21 飞机特技动画

6.2.2 涉及知识点

步骤1: 创建影片文档

知识点：影片文档的创建及属性设置。

步骤2: 制作蓝天背景

知识点：矩形工具的使用、矩形的绘制及属性设置、颜料桶工具的使用。

步骤3: 制作飞机元件

知识点：锁定图层的方法、新建图层的方法、导入图片的方法、创建元件的方法、分离的方法、套索工具的使用、放大工具的使用。

步骤4: 添加运动引导层

知识点：添加传统运动引导层的方法、椭圆工具的使用、椭圆的绘制及属性设置、橡皮擦工具的使用。

步骤5: 制作飞机引导线动画

知识点：关键帧的插入、普通帧的插入、对象位置的移动、任意变形工具的使用、传统补间的创建、相关属性的设置。

步骤6: 测试存盘

知识点：测试的方法、Flash 源文件的保存、影片播放文件的导出。

6.2.3 实现步骤

步骤1: 创建影片文档

打开 Flash 软件,在开始页中单击"新建"栏的"ActionScript 3.0"选项,新建一个影片文档,如图 6-22 所示。

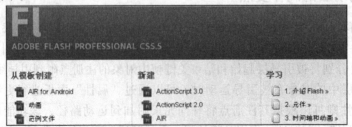

图 6-22 开始页

步骤2: 制作蓝天背景

单击工具箱中的"矩形工具",在舞台上画出场景大小的矩形,如图 6-23 所示。利用"选择工具"选中矩形,设置其属性,宽为 550、高为 400,X，Y 均为 0,如图 6-24、图 6-25 所示。选中"颜料桶工具",选择"窗口"菜单中的"颜色"命令,如图 6-26 所示。打开"颜色"面板,"颜色类型"选择线性渐变,"颜色"设置为蓝色,使用"颜料桶工具"在矩形框内单击并纵向拖动完成背景制作,如图 6-27~图 6-29 所示。

图 6-23 选择"矩形工具",画出场景大小的矩形

图 6-24 利用"选择工具"选中矩形

图 6-25 设置相关属性

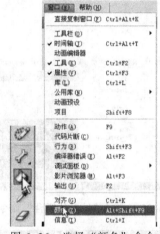

图 6-26 选择"颜色"命令

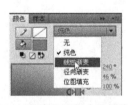

图 6-27 "颜色"面板中选择线性渐变

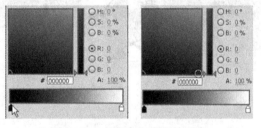

图 6-28 "颜色"设置为蓝色

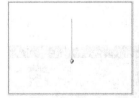

图 6-29 背景的制作

步骤 3：制作飞机元件

(1)锁定"图层 1",如图 6-30 所示。在"时间轴"面板左下角单击"新建图层"按钮,新建"图层 2",如图 6-31 所示。选择"文件"菜单中的"导入"|"导入到舞台"命令,将图

片文件"飞机.jpg"导入舞台中，如图 6-32、图 6-33 所示。右击飞机图形，在弹出的快捷菜单中选择"转换为元件"命令，弹出"转换为元件"对话框，将飞机转换为图形元件，单击"确定"按钮，如图 6-34、图 6-35 所示。

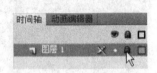

图 6-30　锁定"图层 1"

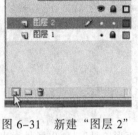

图 6-31　新建"图层 2"

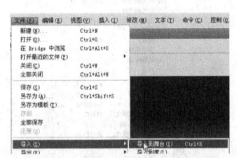

图 6-32　选择"导入到舞台"命令

图 6-33　"导入"对话框

图 6-34　选择"转换为元件"命令

图 6-35　"转换为元件"对话框

（2）在工具箱中单击"选择工具"，双击飞机元件，进入编辑模式，如图 6-36 所示。选择

"修改"菜单中的"分离"命令,将图形分离,如图 6-37、图 6-38 所示。

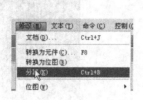

图 6-36 双击进入编辑模式　　　图 6-37 选择"分离"命令　　　图 6-38 将图形分离

（3）选择"套索工具",在工具箱面板下选择"魔术棒",如图 6-39、图 6-40 所示。选中飞机的白色背景部分,删除白色背景,如图 6-41 所示。在此过程中,可以选择"放大工具"将白色背景彻底删除,然后返回场景 1,如图 6-42、图 6-43 所示。

图 6-39 选择"套索工具"　　　　　图 6-40 选择"魔术棒"

图 6-41 删除白色背景

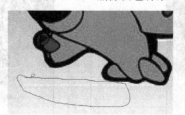

图 6-42 选择"放大工具"将白色背景彻底删除

图 6-43　返回场景 1

步骤 4： 添加运动引导层

在"图层 2"上右击，在弹出的快捷菜单中选择"添加传统运动引导层"，如图 6-44 所示。选择引导层第 1 帧，在工具箱中选择"椭圆工具"并设置填充色为无色，如图 6-45、图 6-46 所示。在引导层中绘制圆形，并用工具箱中的"橡皮擦工具"擦出一小段圆弧，如图 6-47、图 6-48 所示。

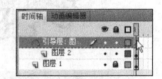

图 6-44　图层 2 上添加传统运动引导层　　　　图 6-45　选择引导层的第 1 帧

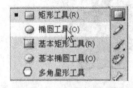

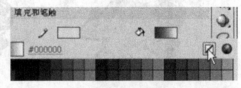

图 6-46　选择"椭圆工具"并设置填充色为无色

图 6-47　在引导层中绘制圆形　　　　图 6-48　利用"橡皮擦工具"擦出一小段圆弧

步骤 5：制作飞机引导线动画

（1）分别在"图层 1"和"引导层"的第 40 帧处插入帧，在"图层 2"的第 40 帧处插入关键帧，如图 6-49、图 6-50 所示。选择"图层 2"的第 1 帧，将"图层 2"第 1 帧中的飞机注册点拖动至圆弧的起点，如图 6-51、图 6-52 所示。将"图层 2"第 40 帧中飞机的注册点拖动至圆弧的终点，如图 6-53、图 6-54 所示。

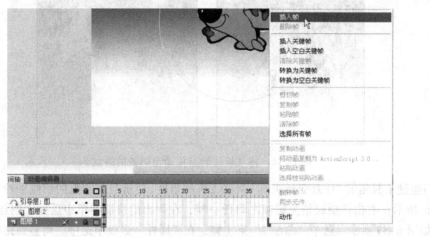

图 6-49　"图层 1"和"引导层"的第 40 帧处插入帧

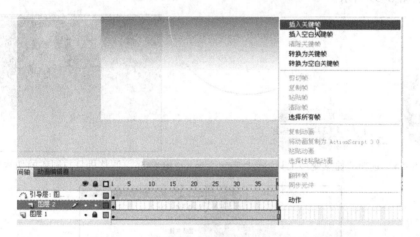

图 6-50　"图层 2"的第 40 帧处插入关键帧

图 6-51　选择"图层 2"的第 1 帧　　　　图 6-52　将飞机注册点拖动至圆弧的起点

图 6-53　选择"图层 2"的第 40 帧

图 6-54　将飞机注册点拖动至圆弧的终点

（2）通过工具箱的"任意变形工具"调整飞机的角度，使机身与圆弧的切线平行，如图 6-55、图 6-56 所示。右击该层起始关键帧之间任一帧，在弹出的快捷菜单中选择"创建传统补间"命令，如图 6-57 所示。选中"图层 2"第 1 帧，在"属性"面板中选中"调整到路径"复选框，如图 6-58、图 6-59 所示。

图 6-55　选择"任意变形工具"　　　　图 6-56　调整机身与圆弧的切线平行

图 6-57　选择快捷菜单中的"创建传统补间"命令

图 6-58 选择图层 2 的第 1 帧

图 6-59 设置属性

步骤 6：测试存盘

选择"控制"菜单中的"测试影片"|"测试"命令，如图 6-60 所示。观看动画效果，如图 6-61 所示。选择"文件"菜单中的"另存为"命令，将动画保存成 Flash 源文件，如图 6-62 所示。另外，还可以选择"文件"菜单中的"导出"|"导出影片"命令，将动画保存为影片播放文件，如图 6-63 所示。

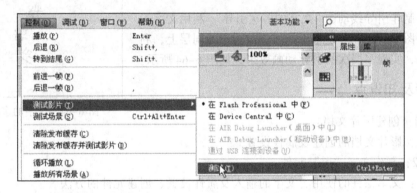

图 6-60 选择"控制"菜单中的"测试影片"|"测试"命令

图 6-61 动画效果

图 6-62 选择"文件"菜单中的"另存为"命令

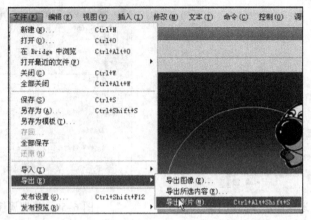

图 6-63　选择"文件"菜单中的"导出"│"导出影片"命令

<table><tr><td>6.3</td><td>挑战任务：文字的多次引导</td></tr></table>

6.3.1　主题内容

本任务制作引导线动画"文字的多次引导"。利用文字工具制作文字图形元件，分别将不同实例放置于不同层上，利用同一路径，实现多层次的引导动画效果，如图 6-64 所示。

图 6-64　文字的多次引导

6.3.2　涉及知识点

步骤 1： 创建影片文档

知识点：影片文档的创建及属性设置。

步骤 2： 制作文字"引"元件

知识点：文本工具的使用、文字的输入及属性设置、创建元件的方法。

步骤 3： 绘制引导线

知识点：添加传统运动引导层的方法、关键帧的插入、普通帧的插入。

步骤 4： 制作文字"引"的引导线动画

知识点：选择工具的使用、对象位置的移动、传统补间的创建、相关属性的设置、变形的设置。

步骤 5： 制作文字"导"元件

知识点：文本工具的使用、文字的输入及属性设置、创建元件的方法。

步骤 6： 制作文字"导"的引导线动画

知识点：关键帧的插入、选择工具的使用、对象位置的移动、传统补间的创建、相关属性的设置、变形的设置。

步骤 7： 制作文字"线"元件

知识点：文本工具的使用、文字的输入及属性设置、创建元件的方法。

步骤 8： 制作文字"线"的引导线动画

知识点：关键帧的插入、选择工具的使用、对象位置的移动、传统补间的创建、相关属性的设置、变形的设置。

步骤 9： 制作定格效果

知识点：普通帧的插入。

步骤 10： 测试存盘

知识点：测试的方法、Flash 源文件的保存、影片播放文件的导出。

6.3.3 实现步骤

步骤 1： 创建影片文档

打开 Flash 软件，选择"文件"菜单中的"新建"命令，在弹出的对话框中选择"常规"选项卡的"ActionScript 3.0"选项，单击"确定"按钮，新建一个影片文档，如图 6-65、图 6-66 所示。

图 6-65 选择"新建"命令

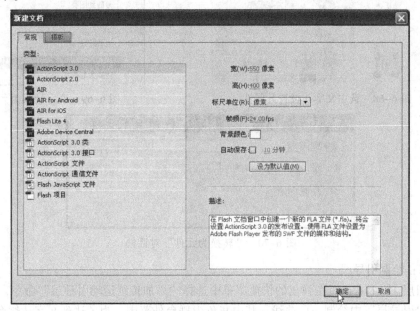

图 6-66 "新建文档"对话框

步骤 2： 制作文字"引"元件

单击工具箱中的"文本工具"，在舞台上输入文字"引"，如图 6-67 所示。利用"选择工具"选中该文字，设置文字属性，"系列"为黑体，"大小"为 10 px，如图 6-68 所示。在选中的文字上右击，在弹出的快捷菜单中选择"转换为元件"命令，将文字"引"转换为图形元件，单击"确定"按钮，如图 6-69、图 6-70 所示。

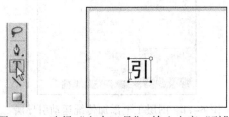

图 6-67 选择"文本工具"，输入文字"引"

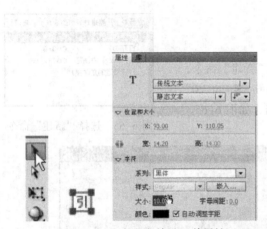

图 6-68　选中文字并设置其属性

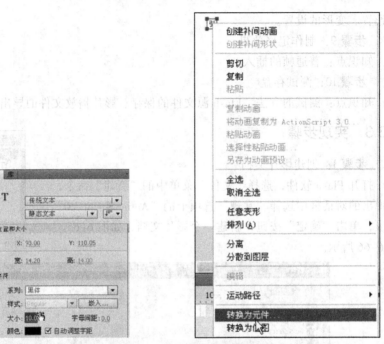

图 6-69　文字转换为元件

图 6-70　"转换为元件"对话框

步骤 3：绘制引导线

在"图层 1"上右击，在弹出的快捷菜单中选择"添加传统运动引导层"命令，如图 6-71 所示。在"引导层"中绘制一段曲线，其中灰色为舞台外范围，为了达到文字从舞台外飞入效果，在绘制线条时，选用铅笔的平滑模式，在舞台上绘制曲线，如图 6-72 所示。在"引导层"的第 40 帧插入帧，在"图层 1"的第 40 帧插入关键帧，如图 6-73、图 6-74 所示。

图 6-71　图层 1 上添加传统运动引导层

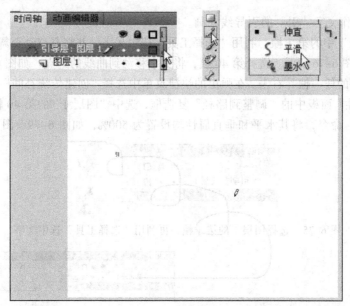

图 6-72　绘制曲线

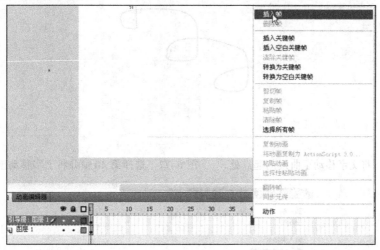

图 6-73　"引导层"的第 40 帧插入帧

图 6-74　"图层 1"的第 40 帧插入关键帧

步骤 4：制作文字"引"的引导线动画

选择"图层 1"中的第 1 帧，利用"选择工具"选中文字，并将其移动至舞台外曲线的起点处，如图 6-75、图 6-76 所示。选择第 40 帧，将文字移动到曲线的终点，如图 6-77 所示。选择第 1 帧到第 40 帧的任一帧并右击，在弹出的快捷菜单中选择"创建传统补间"命令，如图 6-78 所示。选中"属性"面板中的"调整到路径"复选框，选中"图层 1"的第 40 帧，选择"窗口"菜单中的"变形"命令，将其水平和垂直属性均设置为 500%，如图 6-79～图 6-81 所示。

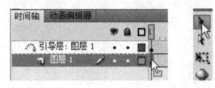

图 6-75　选择图层 1 的第 1 帧，再利用"选择工具"选中文字

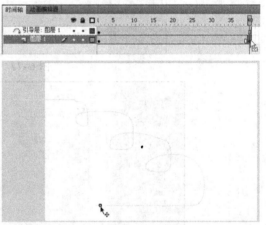

图 6-76　将文字移动至曲线的起点处　　图 6-77　选择第 40 帧并将文字移动至曲线的终点处

图 6-78　选择快捷菜单中的"创建传统补间"命令　　图 6-79　选中"调整到路径"复选框

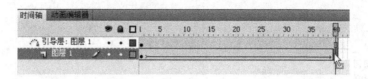

图 6-80　选中"图层 1"的第 40 帧

图 6-81　选择"变形"命令并设置属性

步骤 5：制作文字"导"元件

单击"时间轴"面板左下角的"新建图层"按钮，新建"图层 3"，如图 6-82 所示。单击工具箱中的"文本工具"，在舞台上输入文字"导"，如图 6-83 所示。利用"选择工具"选中该文字，在选中的文字上右击，在弹出的快捷菜单中选择"转换为元件"命令，将文字"导"转换为图形元件，单击"确定"按钮，如图 6-84、图 6-85 所示。

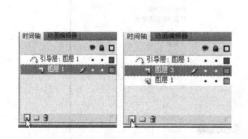

图 6-82　新建"图层 3"

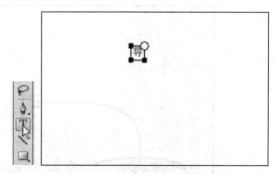

图 6-83　选择"文本工具"并输入文字"导"

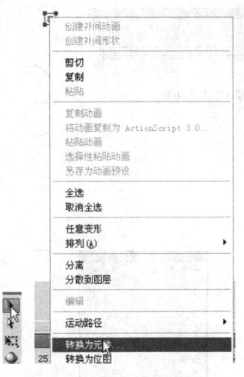

图 6-84　文字转换为元件

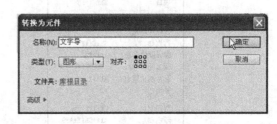

图 6-85　"转换为元件"对话框

步骤 6：制作文字"导"的引导线动画

在"图层 3"的第 40 帧处插入关键帧，如图 6-86 所示。选择"图层 3"的第 1 帧，将选中文字移动至舞台外曲线的起点处，在"引"的左侧，如图 6-87、图 6-88 所示。选择第 40 帧，将文字移动到曲线的终点，在"引"字的右侧，如图 6-89、图 6-90 所示。选择"窗口"菜单中的"变形"命令，将其水平和垂直属性均设置为 500%，如图 6-91 所示。选择该层第 1 帧到第 40 帧任一帧并右击，在弹出的快捷菜单中选择"创建传统补间"命令，选中"属性"面板中的"调整到路径"复选框，如图 6-92、图 6-93 所示。

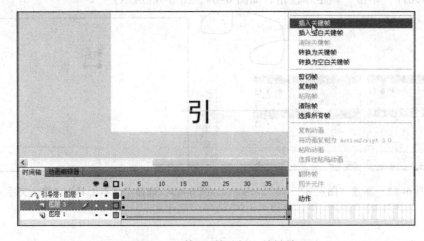

图 6-86　第 40 帧处插入关键帧

图 6-87 选择"图层 3"第 1 帧

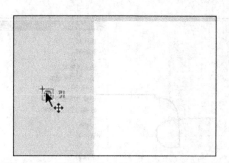

图 6-88 将选中文字移动至曲线的起点处

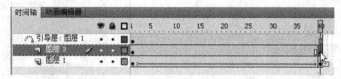

图 6-89 选择图层 3 的第 40 帧

图 6-□□ □□□□□□□□□□□□□□□□□，□□□□□□□□□□□□□□□□□□□□□□□□□□□□□□□，□□□□□□□□□□□
选择"□□□"□□，□□。

□□，□□□"□□□"□□□□"□□"□□，□□□"□□"□□□□□□□□□□□□□□□□□□，□□□□□□□□□□。
□□□□"□□"□□□□□□□□□□"□□"，□□□□□□□□□□□□□□□□□□□□□□ 6-91。□□□□□□□□□□ 1 □□，□
□□□□□□□□□□，□□□□□□□□□□□□□，□□□□□□□□□□□□□□□□□□□□□□□□□□□□□□□ 6-□"。
□□□□□□□□□□□□□□□□□□□□□ 6-92。□ 6-91、□ 6-□□□。

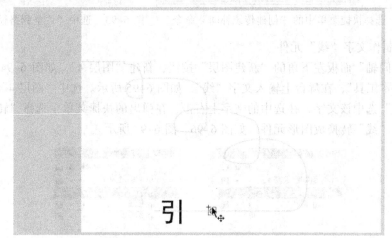

图 6-90 将文字移动至曲线的终点

图 6-91 选择"变形"命令并设置属性

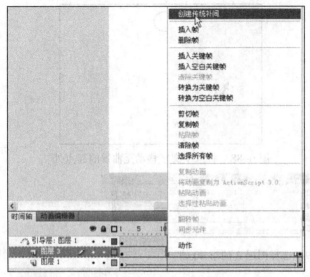

图 6-92　选择快捷菜单中的"创建传统补间"命令　　图 6-93　选中"调整到路径"复选框

步骤 7： 制作文字"线"元件

　　单击"时间轴"面板左下角的"新建图层"按钮，新建"图层 4"，如图 6-94 所示。单击工具箱的"文本工具"，在舞台上输入文字"线"，如图 6-95 所示。选中"图层 4"第 1 帧，利用"选择工具"选中该文字，在选中的文字上右击，在弹出的快捷菜单中选择"转换为元件"命令，将文字"线"转换成图形元件，如图 6-96、图 6-97 所示。

图 6-94　新建"图层 4"

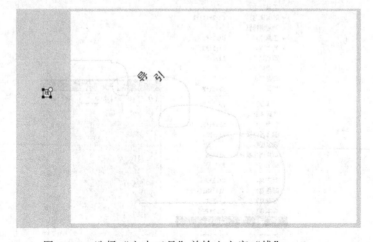

图 6-95　选择"文本工具"并输入文字"线"

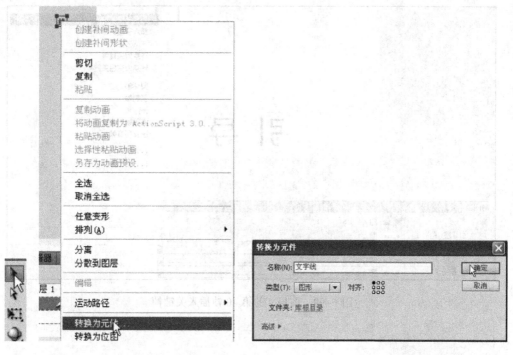

图 6-96　文字转换为元件　　　　　　　图 6-97　　"转换为元件"对话框

步骤 8：制作文字"线"的引导线动画

选择"图层 4"中的第 1 帧，利用"选择工具"选中文字，并将其移动至舞台外曲线的起点处，在"导"字的左侧，如图 6-98 所示。选中第 40 并右击，在弹出的快捷菜单中选择"插入关键帧"命令，将文字移动到曲线的终点，在"导"字的右侧，如图 6-99、图 6-100 所示。选择"窗口"菜单中的"变形"命令，将其水平和垂直属性均设置为 500%，如图 6-101 所示。选择第 1 帧到第 40 帧任一帧并右击，在弹出的快捷菜单中选择"创建传统补间"命令。选中"属性"面板中的"调整到路径"复选框，如图 6-102、图 6-103 所示。

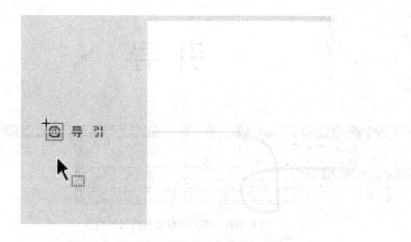

图 6-98　将"线"字移动至曲线的起点处

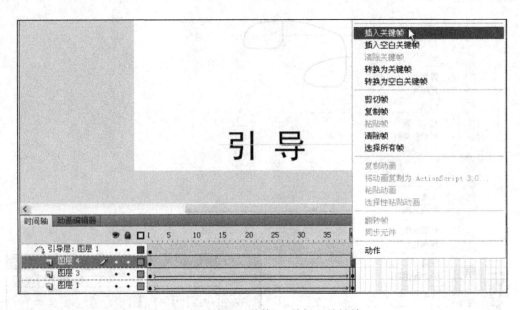

图 6-99　图层 4 的第 40 帧插入关键帧

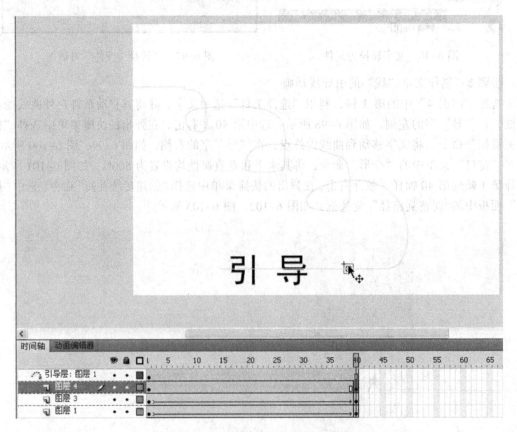

图 6-100　将文字移动到曲线的终点

图 6-101 选择"变形"命令并设置属性

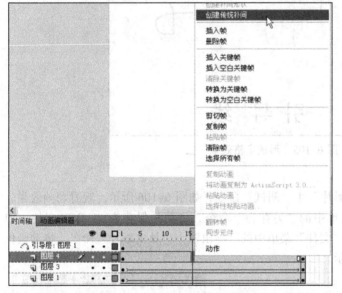

图 6-102 选择快捷菜单中的"创建传统补间"命令 图 6-103 选中"调整到路径"复选框

步骤 9：制作定格效果

通过上述步骤，一条引导线引导多个对象的动画制作完毕，但运动终结后文字没有定格效果，需要在全部图层的第 60 帧上插入帧，这样就形成了运动结束后定格的效果，如图 6-104、图 6-105 所示。

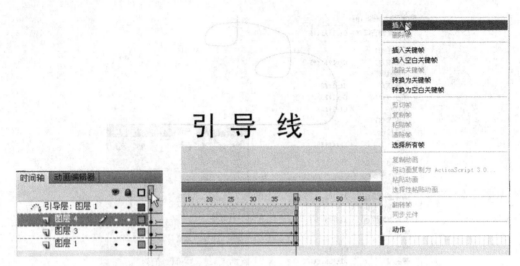

图 6-104 全部图层的第 60 帧插入帧

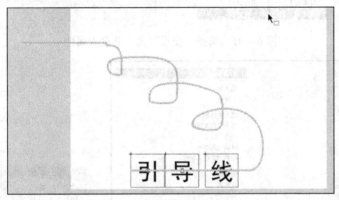

图 6-105 形成定格效果

步骤 10：测试存盘

选择"控制"菜单中的"测试影片"｜"测试"命令，如图 6-106 所示。观看动画效果，如图 6-107 所示。选择"文件"菜单中的"另存为"命令，将动画保存为 Flash 源文件，如图 6-108 所示。另外，还可以选择"文件"菜单中的"导出"｜"导出影片"命令，将动画保存为影片播放文件，如图 6-109 所示。

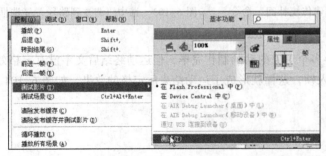

图 6-106 选择"控制"菜单中的"测试影片"｜"测试"命令

图 6-107 动画效果

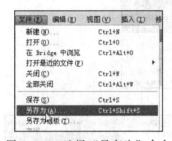

图 6-108 选择"另存为"命令　　　图 6-109 选择"导出影片"命令

6.4 终极任务：两个引导线动画的合成

6.4.1 主题内容

　　本任务进一步练习引导线动画，制作两个引导线的合成动画，其中包含背景、两个单独引导线动画合成的效果，如图 6-110 所示。

图 6-110 两个引导线动画的合成动画

6.4.2 涉及知识点

　　步骤 1：创建影片文档

　　知识点：影片文档的创建及属性设置。

　　步骤 2：设置背景

　　知识点：导入图片的方法、相关属性的设置。

　　步骤 3：制作"美丽农村"引导线动画

　　知识点：锁定图层的方法、新建图层的方法、文本工具的使用、文字的输入及属性设置、选择工具的使用、创建元件的方法、添加传统运动引导层的方法、铅笔工具的使用、关键帧的插入、普通帧的插入、对象位置的移动、传统补间的创建、相关属性的设置。

　　步骤 4：制作"风景如画"引导线动画

　　知识点：新建图层的方法、文本工具的使用、文字的输入及属性设置、选择工具的使用、创建元件的方法、添加传统运动引导层的方法、铅笔工具的使用、普通帧的插入、对象位置的移动、传统补间的创建、相关属性的设置。

　　步骤 5：制作定格效果

　　知识点：测试的方法、普通帧的插入。

步骤 6：制作存盘

知识点：测试的方法、Flash 源文件的保存、影片播放文件的导出。

6.4.3 实现步骤

步骤 1：创建影片文档

打开 Flash 软件，在开始页中单击 "新建"栏的"ActionScript 3.0"选项，新建一个影片文档，如图 6-111 所示。

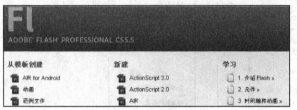

图 6-111 开始页

步骤 2：设置背景

选择"文件"菜单中的"导入"|"导入到舞台"命令，将背景图片文件"新农村.jpg"导入到舞台。调整背景图片与舞台完全重合，设置"宽"为 550、"高"为 400，X、Y 值均为 0，如图 6-112～图 6-114 所示。调整背景图片尺寸，因为图片不是等比例缩放，所以要取消选中"保持纵横比"按钮。

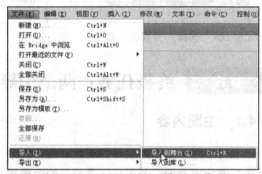

图 6-112 选择"导入到舞台"命令

图 6-113 导入图片文件

图 6-114 设置相关属性

步骤 3：制作"美丽农村"引导线动画

（1）锁定"图层 1"，在"时间轴"面板左下角单击"新建图层"按钮，新建"图层 2"，如图 6-115 所示。单击工具箱中的"文本工具"，输入"美丽农村"四个字，如图 6-116 所示。

利用"选择工具"选中该文字，设置文字的"系列"为黑体，"大小"为 10 px，"颜色"为黄色，如图 6-117 所示。然后选中文字并右击，在弹出的快捷菜单中选择"转换为元件"命令，将其转换为图形元件，如图 6-118、图 6-119 所示。

图 6-115　锁定"图层 1"，新建"图层 2"

图 6-116　输入"美丽农村"四个字

图 6-117　设置文字相关属性

图 6-118　文字转换为元件

图 6-119　"转换为元件"对话框

（2）选中"图层 2"并右击，在弹出的快捷菜单中选择"添加传统运动引导层"命令，为其添加传统运动引导层，如图 6-120 所示。选中引导层的第 1 帧，选择工具箱中的"铅笔工具"，在引导层绘制一段曲线，曲线的起点引自舞台左侧外部，如图 6-121～图 6-123 所示。

图 6-120 "图层 2"添加传统
运动引导层

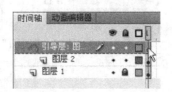

图 6-121 选中引导层的
第 1 帧

图 6-122 选择
"铅笔工具"

图 6-123 绘制一条曲线

（3）利用"选择工具"，选中该文字，如图 6-124 所示。在"图层 1"的第 40 帧处右击，在弹出的快捷菜单中选择"插入帧"命令，同样的方法，在"引导层"第 40 帧处插入帧，在"图层 2"的第 40 帧处插入关键帧，如图 6-125、图 6-126 所示。然后选中"图层 2"中的第 1 帧，将"图层 2"中的第 1 帧文字移动到曲线

图 6-124 利用"选择工具"

起点，如图 6-127、图 6-128 所示。再选中第 40 帧，将文字移动到曲线的终点，在"属性"面板中设置纵横比，将其等比例放大，其中"宽"为 100，将其文字移动到合适位置，如图 6-129～图 6-132 所示。选中该层起始关键帧之间任一帧右击，创建传统补间动画，并将"属性"面板的"旋转"设置为顺时针，3 次，如图 6-133、图 6-134 所示。

图 6-125　"图层 1"和"引导层"第 40 帧处插入帧

图 6-126　"图层 2"第 40 帧处插入关键帧

图 6-127　选中"图层 2"的第 1 帧　　图 6-128　将"图层 2"的第 1 帧文字移动到曲线起点

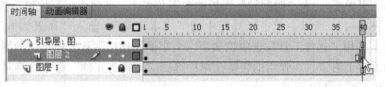

图 6-129　选中第 40 帧

图 6-130　将文字移动到曲线的终点　　　　图 6-131　设置相关属性

图 6-132　将其文字移动到合适位置

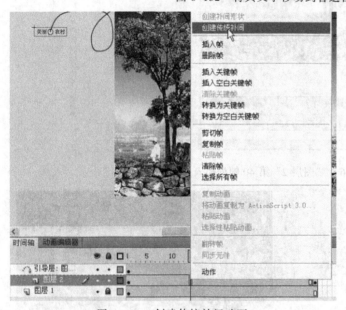

图 6-133　创建传统补间动画

图 6-134　设置"旋转"属性

步骤 4：制作"风景如画"引导线动画

（1）选择"引导层"，在"时间轴"面板的左下角单击"新建图层"按钮，新建"图层 4"，如图 6-135、图 6-136 所示。单击工具箱中的"文本工具"，输入"风景如画"四个字，如图 6-137 所示。利用"选择工具"选中该文字，文字的属性按默认值即可，如图 6-138 所示。然后在选中的文字上右击，在弹出的快捷菜单中选择"转换为元件"命令，将其转换为图形元件，如图 6-139、图 6-140 所示。

图 6-135　选择"引导层"

图 6-136　新建"图层 4"

图 6-137　输入"风景如画"四个字

图 6-138　利用"选择工具"选中该文字

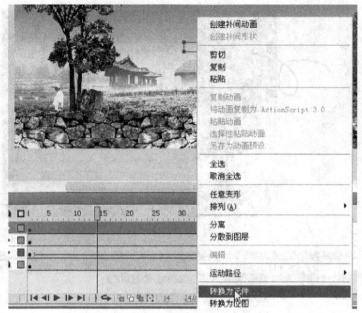

图 6-139　文字转换为元件

图 6-140　"转换为元件"对话框

（2）选择"图层 4"并右击，在弹出的快捷菜单中选择"添加传统运动引导层"命令，为其添加传统运动引导层，如图 6-141 所示。选中引导层的第 1 帧，选择工具箱中的"铅笔工具"，在引导层绘制一段曲线，曲线的起点引自舞台右侧外部，如图 6-142、图 6-143 所示。

图 6-141　"图层 4"添加传统运动引导层

图 6-142　选中"引导层"的第 1 帧

图 6-143 选择"铅笔工具"并绘制一段曲线

（3）在"图层 4"的第 40 帧处插入关键帧，如图 6-144 所示。然后选中"图层 4"的第 1 帧，利用"选择工具"选中该文字，将其移动到曲线的起点，如图 6-145～图 6-147 所示。再选中第 40 帧，将文字移动到曲线的终点，将其等比例放大，其中"宽"为 100，将其文字移动到适当位置，如图 6-148～图 6-151 所示。选中该层起始关键帧之间任一帧位置，右击创建传统补间动画，将"属性"面板的"旋转"设置为顺时针，3 次，如图 6-152、图 6-153 所示。

图 6-144 "图层 4"的第 40 帧插入帧

图 6-145 选中"图层 4"的第 1 帧

图 6-146　利用"选择工具"选中该文字

图 6-147　将文字移动到曲线的起点

图 6-148　选中"图层 4"的第 40 帧

图 6-149　将文字移动到曲线的终点

图 6-150　设置相关属性

图 6-151　将文字移动到适当位置

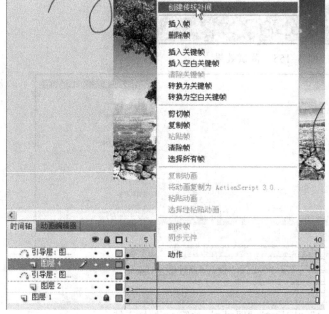

图 6-152　图层 4 创建传统补间动画

图 6-153　设置"旋转"属性

步骤 5：设置定格效果

选择"控制"菜单中的"测试影片"|"测试"命令，如图 6-154、图 6-155 所示。在"图层 1""图层 2""图层 4"的第 60 帧插入帧，形成最终定格的效果，如图 6-156 所示。

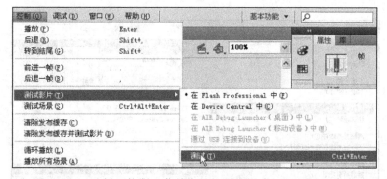

图 6-154　选择"控制"菜单中的"测试影片"|"测试"命令

图 6-155　测试效果

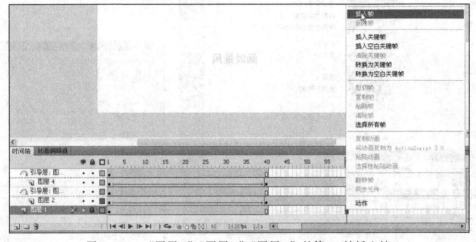

图 6-156　"图层 1""图层 2""图层 4"的第 60 帧插入帧

步骤 6：测试存盘

　　选择"控制"菜单中的"测试影片" | "测试"命令，如图 6-157 所示。观看动画效果，如图 6-158 所示。选择"文件"菜单中的"另存为"命令，将动画保存为 Flash 源文件，如图 6-159 所示。

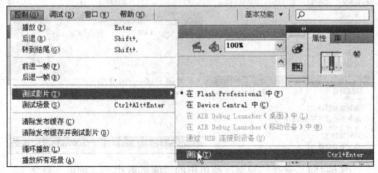

图 6-157　选择"控制"菜单中的"测试影片" | "测试"命令

图 6-158　动画效果　　　　　　　　图 6-159　选择"另存为"命令

本章小结

引导线动画是 Flash 中的一个灵活应用，利用引导线可以制作出更加复杂的运动效果，在引导线动画中还可以控制元件实例的色彩效果，以及添加滤镜，使动画更加生动，满足读者的更多需求。

拓展练习

通过三项任务的学习，读者熟悉了引导线动画的基本制作过程。下面读者可以试着做一个更加综合的动画效果，比如，行星运动（月球绕地球）。提示：制作星空背景；制作地球图形；制作月亮图形；绘制月亮运动轨迹；制作月亮沿引导线运动的动画。

第7章

➡ 声音、按钮及简单脚本的应用

学习目标

- 熟练掌握按钮的制作；
- 熟练掌握声音的应用；
- 理解并能使用简单脚本完成动画的制作。

7.1 相关知识

7.1.1 声音的相关知识

在制作动画时，经常需要为动画添加声音。声音有传递信息的作用，为 Flash 动画添加恰当的声音，可以使 Flash 作品更加完整、生动。

在 Flash 中声音分为事件声音和音频流两种。如果要把声音文件加入到 Flash 中，可以先将声音文件导入到当前文档的库中。Flash 可以导入的声音文件格式很多，一般情况下，在 Flash 中可以直接导入 MP3 格式和 WAV 格式的声音文件。其中，MP3 格式的声音文件体积小、传输方便、音质较好。虽然采用 MP3 格式压缩音乐时对文件有一定的损坏，但由于其编码技术成熟，音质还是比较接近 CD 的水平。同样长度的音乐文件， MP3 格式存储比 WAV 格式存储的体积小十分之一左右。现在的 Flash 音乐大都采用 MP3 格式。WAV 格式是 PC 标准声音格式。该格式直接保存声音数据，没有对其进行压缩，因此音质非常好。Windows 系统音乐都使用 WAV 格式，但是因为其数据没有进行压缩，所以占用的空间也就随之变大，不过由于其音质很好，一些 Flash 动画的特殊音效也常常使用 WAV 格式。

在 Flash 中应用声音时，可以通过选择"文件"菜单中的"导入" | "导入到库"命令。选择音乐文件并打开，这时在"库"面板中就多了一个音乐项目。可以看到两条音轨波形，即音乐的左右两个声道波形，如图 7-1～图 7-4 所示。

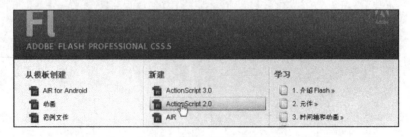

图 7-1　新建影片文档

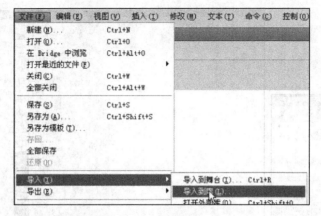

图 7-2　选择"文件"菜单中的"导入"｜"导入到库"命令

图 7-3　选择音乐文件并打开

图 7-4　"库"面板

可以通过选中并拖动音乐项目，将音乐拖动到舞台上，这样就将音乐放到了当前工作的图层上，如图 7-5 所示。通常，将音乐放在单独图层上，可以将该层命名为"音乐"。

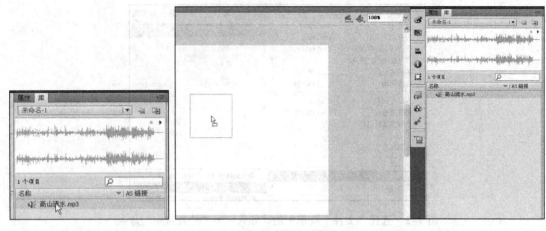

图 7-5　将音乐拖动到舞台上

　　单击声音所在的帧，将声音选中，此时在声音的"属性"面板中，可以调整声音的属性，如图 7-6～图 7-8 所示。在"效果"属性中有几种内置声音效果。单击"效果"下拉列表框的下三角按钮可以选择自带的音效，也可以通过单击 ✐ （编辑声音封套）按钮自定义编辑，"编辑封套"对话框上部分为左声道，下部分为右声道，可以通过调节各声道的控制点来调节声音效果，也可以通过中间滑块调整声音的起始和结束，同时可以调整声音的显示范围。

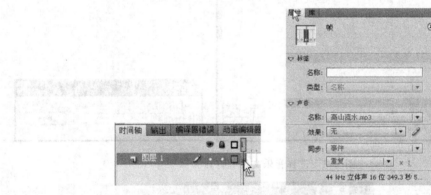

图 7-6　"属性"面板

图 7-7　设置声音效果

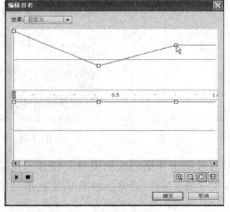

图 7-8　"编辑封套"对话框

同时，还可以对声音进行"同步"属性设置（单击打开同步的选项），如图 7-9 所示。其中：

将声音设置为事件，可以确保声音有效的播放完毕，不会因为帧已经播放完而引起音效的突然中断，选择该设置模式后声音会按照指定的重复播放次数全部播放完。

将声音设置为开始，每当影片循环一次时，音效就会重新开始播放一次，如果影片很短而音效很长，就会造成一个音效未完而又开始另外一个音效，导致音效混合而混乱的现象。

将声音设置为停止将结束声音文件的播放，可以控制开始和事件的音效停止。

图 7-9　对声音进行"同步"
属性设置

将声音设置为数据流，会迫使动画播放的进度与音效播放进度一致，一旦帧停止，声音也会停止，即使声音没有播放完，也会停止。

7.1.2　按钮的相关知识

按钮元件用于创建动画的交互控制按钮，支持鼠标"弹起""指针经过""按下"和"点击"四种状态；支持音频效果和交互效果，能与图形元件和影片剪辑元件嵌套使用，功能十分强大。

在 Flash 文档中，执行"插入"菜单中的"新建元件"命令，弹出"创建新元件"对话框，在"类型"中选择按钮，单击"确定"按钮后就创建了一个按钮，如图 7-10～图 7-12 所示。

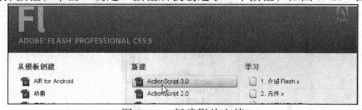

图 7-10　新建影片文档

图 7-11　选择"新建元件"命令

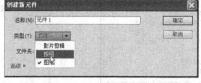

图 7-12　"创建新元件"对话框

进入按钮编辑模式，时间轴上包括了按钮的四种状态，分别为："弹起""指针经过""按下""点击"，如图 7-13 所示。

"弹起"是指按钮未被选中时呈现的效果。

"指针经过"是指将鼠标指针放到按钮上时，按钮呈现的效果。

"按下"是指当鼠标指针按下该按钮，按钮呈现的效果。

图 7-13　按钮的"点击"状态

"点击"是以隐藏方式存在的，即播放动画时，该帧的内容是不可见的，该状态为按钮提供了点击范围。

7.1.3　脚本的介绍

脚本是 Flash 引入的撰写语言，它使 Flash 影片及应用程序能够以非线性的方式播放，为动画编程，可以轻松实现各种动画特效、对影片的良好控制、强大的人机交互以及与网络服务器的交互等功能。在 Flash 中，脚本的编写都在"动作"面板的编辑环境中进行。

新建一个 ActionScript 2.0 类型的文件。通过执行"窗口"菜单中的"动作"命令，打开"动作"面板，它的编辑环境由左右两部分组成。左侧部分又分为上下两个窗口，如图 7-14～图 7-16 所示。

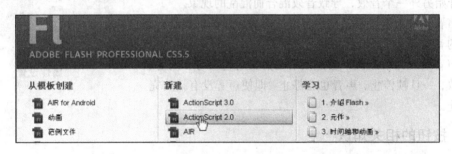

图 7-14　新建 ActionScript 2.0 类型的文件

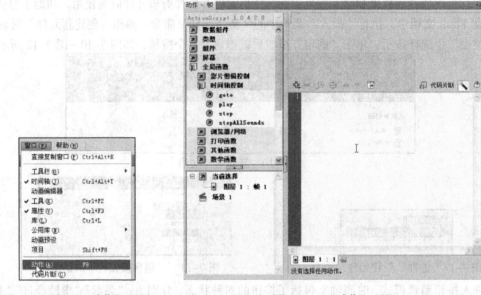

图 7-15　打开"动作"面板　　　　　　图 7-16　"动作"面板

"动作"面板左侧的上方是"动作"工具箱，单击图标可以展开每一个条目，显示对应条目下的动作脚本语句元素，双击语句即可将其添加到"编辑"窗口，如图 7-17、图 7-18 所示。左侧下方是"脚本"导航器，列出了 FLA 文件中具有关联动作脚本的帧位置和对象。单击"脚本"导航器中的项目，与该项目相关联的脚本则会出现在"脚本"窗口，并且场景上的播放头也将定位到时间轴上的对应位置，如图 7-19 所示。

在 Flash 中添加脚本可分为两种：一是把脚本编写在时间轴的关键帧上；二是把脚本编写在对象上，比如把脚本直接写在影片剪辑元件的实例上或按钮实例上。此外，也需要简单理解

Flash 是如何执行编写的脚本的。在时间轴的关键帧上添加了脚本，在 Flash 运行时，会首先执行关键帧上的脚本，然后才会显示关键帧上的对象。

图 7-17　"动作"工具箱

图 7-18　"编辑"窗口　　　　　　　　图 7-19　"脚本"导航器

　　还需要注意的是，在 Flash CS5 中，如果建立的文档是 ActionScript 3.0，那么只能将动作代码写在关键帧或者外部类中。如果想在影片剪辑或者按钮上添加代码，必须建立 ActionScript 2.0 的文档。

7.2　基础任务：制作带声音的按钮

7.2.1　主题内容

　　本任务制作带声音的按钮，如图 7-20 所示。

7.2.2　涉及知识点

图 7-20　带声音的按钮

　　步骤 1：创建影片文档
　　知识点：影片文档的创建及属性设置。

　　步骤 2：制作"播放"按钮

　　知识点：创建元件的方法、矩形工具的使用、矩形的绘制及属性设置、新建图层的方法、文本工具的使用、文字的输入及属性设置、选择工具的使用、对象位置的移动、关键帧的插入、复制和粘贴的方法。

　　步骤 3：插入按钮声音

　　知识点：新建图层的方法、关键帧的插入、导入声音的方法、删除帧的方法、相关属性的设置、应用元件的方法。

　　步骤 4：测试存盘

　　知识点：测试的方法、Flash 源文件的保存、影片播放文件的导出。

7.2.3　实现步骤

　　步骤 1：创建影片文档

　　打开 Flash 软件，选择"文件"菜单中的"新建"命令，在弹出的对话框中选择"常规"选项卡的"ActionScript 2.0"选项，单击"确定"按钮，新建一个影片文档，如图 7-21、图 7-22 所示。

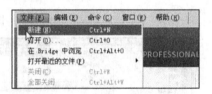

图 7-21　选择"新建"命令

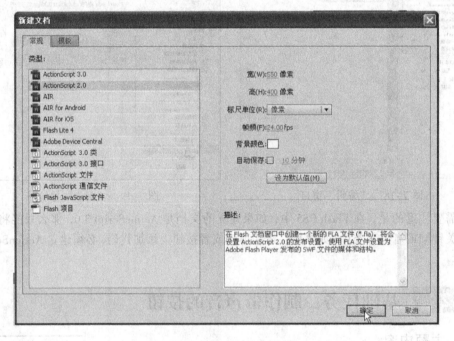

图 7-22　"新建文档"对话框

　　步骤 2：制作"播放"按钮

　　（1）选择"插入"菜单中的"新建元件"命令，新建一个"按钮"类型的元件，如图 7-23 所示。进入按钮编辑状态，在"图层 1"的第 1 帧处选择工具箱中的"基本矩形工具"，设置属性中的"颜色"为深草绿色，"笔触"值为 1.95，"矩形选项"中圆角值为 5，在舞台上绘制出圆角矩形，如图 7-24～图 7-27 所示。在"图层 1"的第 3 帧（"按下"）插入帧，完成按钮的背景制作，如图 7-28 所示。

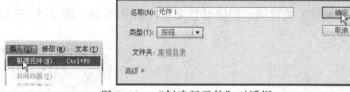

图 7-23　"创建新元件"对话框

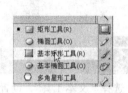

图 7-24　选择"矩形工具"

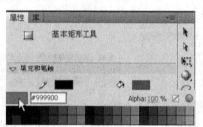

图 7-25　设置"颜色"属性

图 7-26　设置"笔触"和"矩形选项"属性

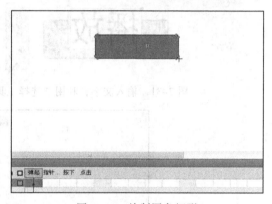

图 7-27　绘制圆角矩形

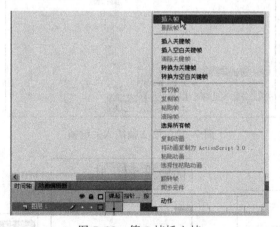

图 7-28　第 3 帧插入帧

（2）单击"时间轴"面板左下角的"新建图层"按钮，新建"图层 2"，选中图层 2 的第 1 帧（"弹起"），如图 7-29 所示。选择工具箱中的"文本工具"，设置文字的"颜色"为黑色，然后在圆角矩形按钮上输入文字"播放"，利用"选择工具"选中该文字，移动文字到合适位置，如图 7-30、图 7-31 所示。在该层的第 2 帧插入关键帧并复制文字"播放"，在空白处粘贴文字，将文字的"颜色"改为红色，调整文字位置使其形成阴影效果，如图 7-32～图 7-35 所示。在该层的第 3 帧插入关键帧，删除红色文字，如图 7-36、图 7-37 所示。即制作完成按钮三个状态的内容。

图 7-29　新建"图层 2"并选中第 1 帧　　　　图 7-30　选择"文本工具"，设置文字颜色

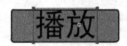

图 7-31　输入文字，利用"选择工具"选中文字并移动到合适位置

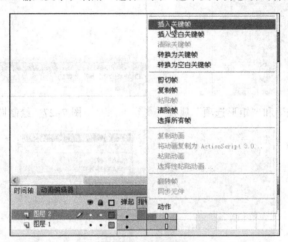

图 7-32　第 2 帧插入关键帧

图 7-33　选中并复制文字　　　　　　　图 7-34　在空白处粘贴文字

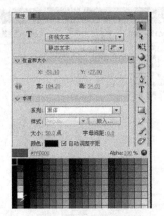

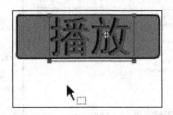

图 7-35　文字颜色改为红色，调整文字位置形成阴影效果

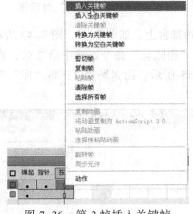

图 7-36　第 3 帧插入关键帧

图 7-37　删除红色文字

步骤 3：插入按钮声音

（1）单击"时间轴"面板左下角"新建图层"按钮，新建"图层 3"，如图 7-38 所示。在第 2 帧插入关键帧，选择"文件"菜单中的"导入"|"导入到库"命令，在弹出的对话框中选择 ding.wav 文件作为素材声音，本任务中使用的是一个 wav 格式的音频文件，如图 7-39～图 7-41 所示。

图 7-38　新建"图层 3"

图 7-39　第 2 帧插入关键帧

图 7-40　选择"导入到库"命令　　　　　图 7-41　　"导入到库"对话框

（2）选择"库"面板，从库中将声音素材拖动到舞台上，如图 7-42、图 7-43 所示。在"图层 3"的第 3 帧处右击，在弹出的快捷菜单中选择"删除帧"命令。选中第 2 帧，在"属性"面板中将"同步"设置成事件，如图 7-44、图 7-45 所示。回到场景 1，将"库"面板中"元件 1"按钮拖动到舞台上，如图 7-46 所示。

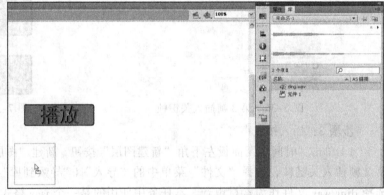

图 7-42　选择"库"面板　　　　　图 7-43　将声音素材拖动到舞台

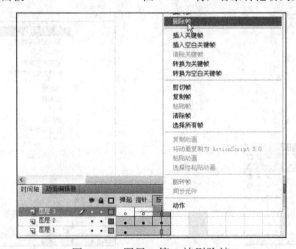

图 7-44　图层 3 第 3 帧删除帧

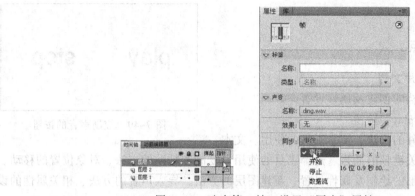

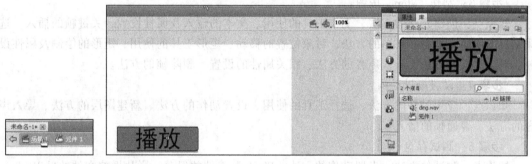

图 7-45 选中第 2 帧，设置"同步"属性

图 7-46 回到场景 1，将"元件 1"按钮拖动到舞台

步骤 4：测试存盘

选择"控制"菜单中的"测试影片"|"测试"命令，如图 7-47 所示。观看动画效果，如图 7-48 所示。将动画保存成 Flash 源文件和影片播放文件。

图 7-47 选择"测试"命令 　　　　　图 7-48 动画效果

7.3　挑战任务：制作控制声音的按钮

7.3.1　主题内容

本任务制作控制声音的按钮，可以通过单击 play 和 stop 按钮控制音乐的播放，如图 7-49

所示。

7.3.2 涉及知识点

步骤 1：创建影片文档

知识点：影片文档的创建及属性设置。

步骤 2：制作"play"按钮

知识点：创建元件的方法、文本工具的使用、文本

图 7-49 控制声音的按钮

的输入及属性设置、关键帧的插入、选择工具的使用、复制和粘贴的方法、对象位置的移动、矩形工具的使用、矩形的绘制及属性设置、新建图层的方法、导入声音的方法、相关属性的设置、删除帧的方法。

步骤 3：制作"stop"按钮

知识点：创建元件的方法、文本工具的使用、文本的输入及属性设置、关键帧的插入、选择工具的使用、复制和粘贴的方法、对象位置的移动、矩形工具的使用、矩形的绘制及属性设置、新建图层的方法、导入声音的方法、相关属性的设置、删除帧的方法。

步骤 4：设置场景动画

知识点：应用元件的方法、选择工具的使用、设置动作的方法、新建图层的方法、导入声音的方法、普通帧的插入。

步骤 5：测试存盘

知识点：测试的方法、设置动作的方法、Flash 源文件的保存、影片播放文件的导出。

7.3.3 实现步骤

步骤 1：创建影片文档

打开 Flash 软件，选择"文件"菜单中的"新建"命令，在弹出的对话框中选择"常规"选项卡的"ActionScript2.0"选项，单击"确定"按钮，新建一个影片文档，如图 7-50、图 7-51 所示。

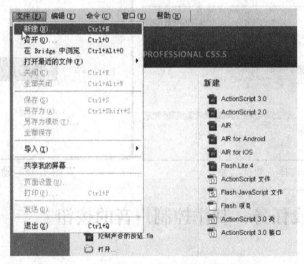

图 7-50 选择"文件"菜单的"新建"命令

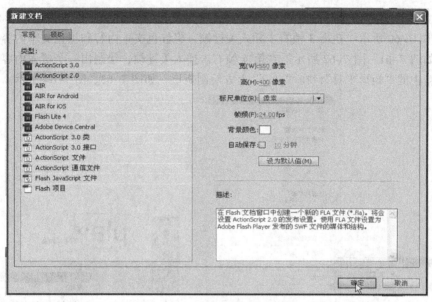

图 7-51　"新建文档"对话框

步骤 2：制作"play"按钮

（1）选择"插入"菜单中的"新建元件"命令，新建一个元件，"名称"为 play，"类型"为按钮，单击"确定"按钮，如图 7-52 所示。选择工具箱中的"文本工具"，"颜色"设置为红色，在舞台中输入内容"play"，如图 7-53～图 7-55 所示。

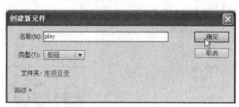

图 7-52　创建新元件

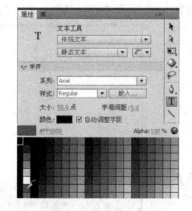

图 7-53　选择"文本工具"　　　　图 7-54　设置颜色　　　　图 7-55　输入内容"play"

（2）在第 2 帧插入关键帧，利用"选择工具"选中文本内容，在文本上右击选择"复制"命令，在空白处右击选择"粘贴"命令，如图 7-56～图 7-58 所示。选中原来的文本内容"play"，将颜色设为黑色，将新复制的红色文本内容移动到黑色内容斜下方位置做出阴影效果，如图 7-59、图 7-60 所示。在第 3 帧右击插入关键帧，将红色文本内容和黑色文本内容位置调整到重合，如图 7-61、图 7-62 所示。在第 4 帧右击插入关键帧，绘制出一个覆盖内容的矩形，选择工具箱中的"矩形工具"，在"play"上方绘制矩形，如图 7-63、图 7-64 所示。

图 7-56 第 2 帧插入关键帧

图 7-57 复制文本内容

图 7-58 空白处粘贴文本内容

图 7-59 选中原来的"play"，将颜色设为黑色

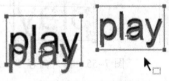

图 7-60 阴影效果

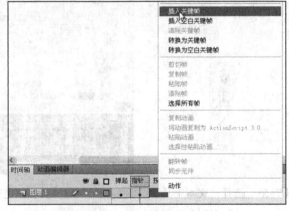

图 7-61 第 3 帧插入关键帧

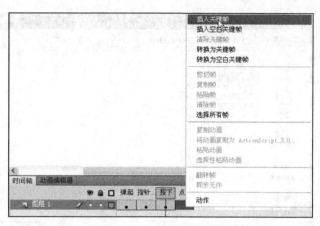

图 7-62　将文本内容位置调整到重合　　　　图 7-63　第 4 帧插入关键帧

图 7-64　选择"矩形工具"，在"play"上方绘制矩形

（3）在"时间轴"面板左下角单击"新建图层"按钮，新建"图层 2"，在该层第 2 帧右击插入关键帧，并导入声音，选择"文件"菜单中的"导入"|"导入到库"命令，将声音文件 ding.wav 导入库中，如图 7-65～图 7-68 所示。回到"库"面板选中该文件，并将其拖动到舞台中，如图 7-69、图 7-70 所示。选中图层 2 的第 2 帧，在"属性"面板中将"同步"设置为事件，如图 7-71、图 7-72 所示。将该层第 3 帧和第 4 帧选中并删除，如图 7-73 所示，完成"play"按钮制作。

图 7-65　新建"图层 2"

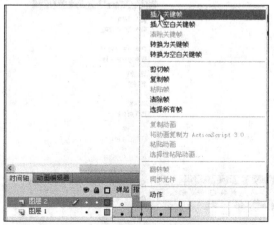

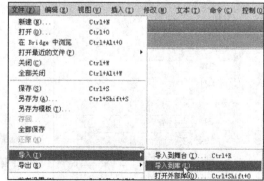

图 7-66　第 2 帧插入关键帧　　　　图 7-67　选择"导入到库"命令

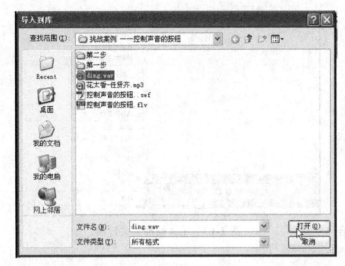

图 7-68　导入声音

图 7-69　"库"面板中选中该文件

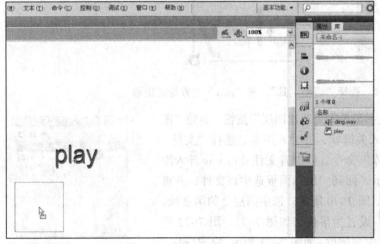

图 7-70　拖动按钮元件到舞台

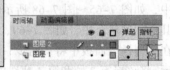

图 7-71　选择"图层 2"第 2 帧

图 7-72　设置"同步"属性

图 7-73　选中第 3 帧和第 4 帧右击并删除帧

步骤 3：制作"stop"按钮

（1）回到场景 1，用同样的方法制作"stop"按钮。选择"插入"菜单中的"新建元件"命令，新建一个元件，"名称"为 stop，"类型"为按钮，单击"确定"按钮，如图 7-74～图 7-76所示。选择工具箱中"文本工具"，颜色设置为红色，在舞台中输入内容"stop"，如图 7-77～图 7-79 所示。

图 7-74　回到场景 1

图 7-75　选择"新建元件"命令

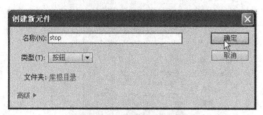

图 7-76　创建新元件

图 7-77　选择"文本工具"

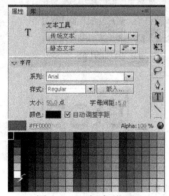

图 7-78　颜色设置

图 7-79　输入内容"stop"

（2）在第 2 帧插入关键帧，利用"选择工具"选中文本内容，在"stop"上右击选择"复制"命令，在空白处右击选择"粘贴"命令，如图 7-80～图 7-82 所示。选中原来的"stop"将颜色设为黑色，将新复制的红色内容移动到黑色内容斜下方位置做出阴影效果，如图 7-83、图 7-84 所示。在第 3 帧右击插入关键帧，将红色文本内容和黑色文本内容位置调整到重合，如图 7-85、图 7-86所示。在第 4 帧右击插入关键帧，绘制出一个覆盖内容的矩形。选择工具箱中的"矩形工具"，在"stop"上方绘制矩形，如图 7-87、图 7-88 所示。

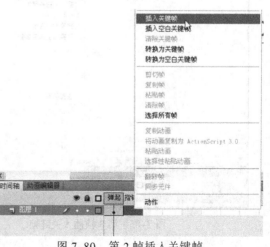

图 7-80　第 2 帧插入关键帧

图 7-81　复制文本内容　　　　　　　　　　　　　图 7-82　粘贴文本内容

图 7-83　选中原来的"stop"，将颜色设为黑色

图 7-84　阴影效果

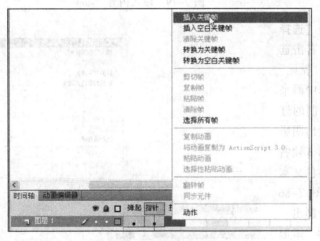

图 7-85　第 3 帧插入关键帧　　　　　　　　　　　图 7-86　将文本内容位置调整到重合

图 7-87　第 4 帧插入关键帧　　　　　　　　图 7-88　在 "stop" 上方绘制矩形

（3）在 "时间轴" 面板左下角单击 "新建图层" 按钮，新建 "图层 2"，在第 2 帧右击插入关键帧，并导入声音。选择 "库" 面板中已导入的声音素材文件，将其拖动到舞台中，如图 7-89～图 7-91 所示。选择 "图层 2" 中的第 2 帧，在 "属性" 面板中将 "同步" 设置为事件，如图 7-92、图 7-93 所示。选中该层第 3 帧和第 4 帧并删除，如图 7-94 所示，完成 "stop" 按钮制作。

图 7-89　新建 "图层 2"　　　　　　　　图 7-90　第 2 帧插入关键帧

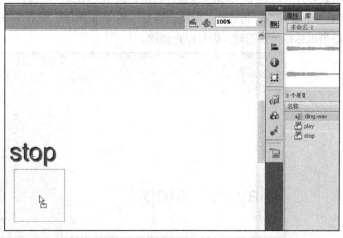

图 7-91　拖动声音素材文件到舞台

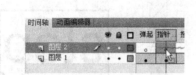

图 7-92　选择"图层 2"第 2 帧

图 7-93　设置"同步"属性

图 7-94　选中第 3 帧和第 4 帧右击并删除帧

步骤 4： 设置场景动画

（1）回到场景 1，分别将"库"面板中"play"和"stop"两个按钮拖动到舞台上，如图 7-95 所示。利用"选择工具"选中"play"，在该按钮上右击，在弹出的快捷菜单中选择"动作"命令，如图 7-96、图 7-97 所示。打开"动作"面板，左侧选择"全局函数"中"影片剪辑控制"的 on 函数，再选择"时间轴控制"的 play 函数，如图 7-98、图 7-99 所示，这段代码的意思是当鼠标按下弹起时，播放影片。再选中"stop"按钮并右击，调出"动作"面板，左侧选择"全局函数"中"影片剪辑控制"的 on 函数，再选择"时间轴控制"的 stop 函数，如图 7-100～图 7-102 所示，这段代码的意思是当鼠标按下弹起时，影片停止播放。

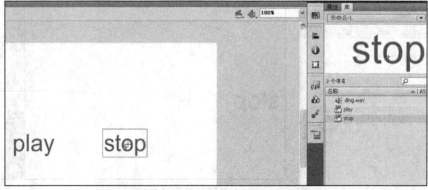

图 7-95　将"play"和"stop"按钮拖动到舞台

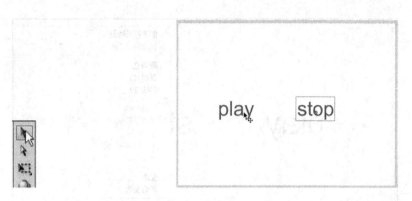

图 7-96　利用"选择工具"选中"play"按钮

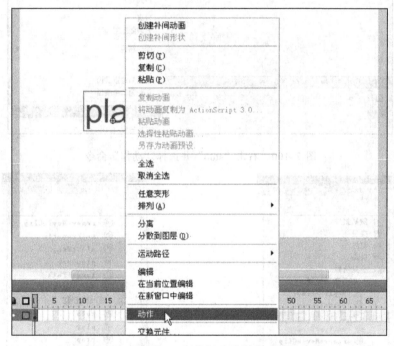

图 7-97　右击"play"按钮，选择"动作"命令

图 7-98　选择"全局函数"中
"影片剪辑控制"的 on 函数

图 7-99　选择"时间轴控制"
的 play 函数

图 7-100　右击"stop"并选择"动作"命令

图 7-101　选择"全局函数"中
"影片剪辑控制"的 on 函数

图 7-102　选择"时间轴控制"
的 stop 函数

（2）单击"时间轴"面板左下角"新建图层"按钮，新建"图层 2"。选择"文件"菜单中的"导入"|"导入到库"命令，导入音乐素材，如图 7-103～图 7-105 所示。在"库"面板中选择此文件并拖动到舞台上，选择图层 2 的第 1 帧，在"属性"面板中将"同步"设置为数据流，如图 7-106～图 7-108 所示。动画结束时声音也能同时结束。在所有层的第 3 250 帧插入帧，如图 7-109 所示，这也是完整音乐所需要播放的帧。

图 7-103　新建"图层 2"

图 7-104 选择"文件"菜单中的
"导入" | "导入到库"命令

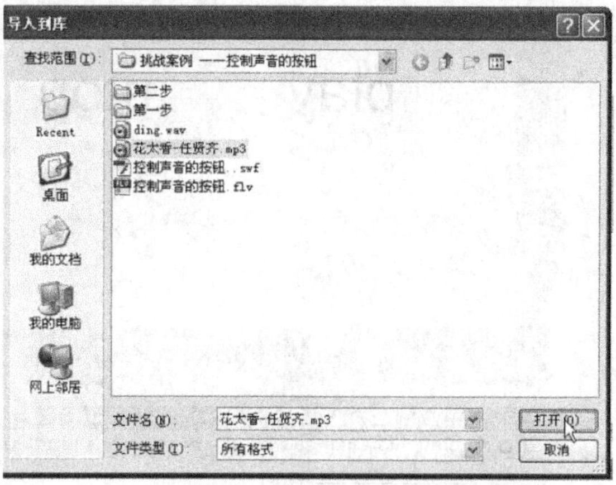

图 7-105 导入音乐素材

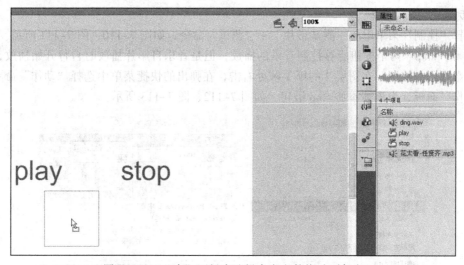

图 7-106 "库"面板中选择声音文件拖动到舞台

图 7-107 选择图层 2 第 1 帧

图 7-108 设置"同步"属性

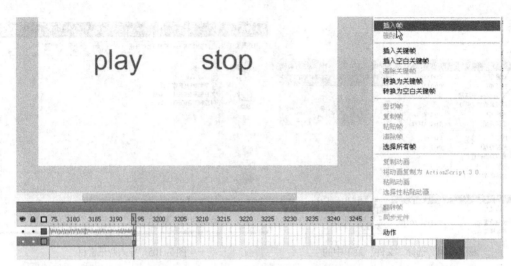

图 7-109　所有层的第 3 250 帧插入帧

步骤 5： 测试存盘

选择"控制"菜单中的"测试影片"｜"测试"命令，如图 7-110、图 7-111 所示。此时，"play"和"stop"两个按钮能够控制音乐的播放，但是音乐自影片播放时自行开始播放，可以继续为影片添加控制。在图层 2 的第 1 帧处右击，在弹出的快捷菜单中选择"动作"命令，打开"动作"面板，为该帧添加 stop 语句，如图 7-112、图 7-113 所示。

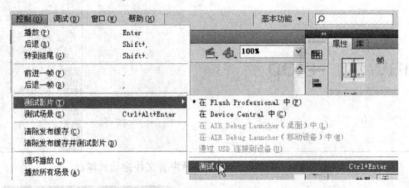

图 7-110　选择"控制"菜单中的"测试影片"｜"测试"命令

图 7-111　测试效果

图 7-112　图层 2 第 1 帧右击选择"动作"命令

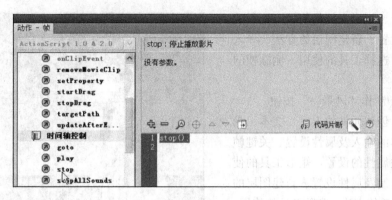

图 7-113　添加 stop 语句

重新测试影片，选择"控制"菜单中的"测试影片"|"测试"命令，动画效果如图 7-114
所示。修改后的音乐播放完全受观看者控制。将动画保存成 Flash 源文件和影片播放文件。

图 7-114　动画效果

7.4　终极任务：带简单脚本的组合应用

7.4.1　主题内容

本任务制作按钮、声音、脚本的综合应用案例，如图 7-115 所示。

7.4.2　涉及知识点

步骤 1：创建影片文档

知识点：影片文档的创建及属性设置。

步骤 2：制作"play"按钮

知识点：创建元件的方法、文本工具的使用、文本的输入及属性设置、关键帧的插入、相关属性的设置、矩形工具的使用、矩形的绘制及属性设置、新建图层的方法、导入声音的方法、选择工具的使用、删除帧的方法。

图 7-115　综合应用

步骤 3：制作"风景一"按钮

知识点：创建元件的方法、文本工具的使用、文本的输入及属性设置、关键帧的插入、相关属性的设置、矩形工具的使用、矩形的绘制及属性设置、新建图层的方法、导入声音的方法、选择工具的使用、删除帧的方法。

步骤 4：制作"风景二"按钮

知识点：创建元件的方法、文本工具的使用、文本的输入及属性设置、关键帧的插入、相关属性的设置、矩形工具的使用、矩形的绘制及属性设置、新建图层的方法、导入声音的方法、选择工具的使用、删除帧的方法。

步骤 5：设置场景动画

知识点：矩形工具的使用、矩形的绘制及属性设置、选择工具的使用、相关属性的设置、创建元件的方法、普通帧的插入、传统补间的创建、设置动作的方法、锁定图层的方法、新建图层的方法、应用元件的方法、删除帧的方法、关键帧的插入、导入图片的方法、空白关键帧的插入。

步骤 6：测试存盘

知识点：测试的方法、Flash 源文件的保存、影片播放文件的导出。

7.4.3　实现步骤

步骤 1：创建影片文档

打开 Flash 软件，选择"文件"菜单中的"新建"命令，在弹出的对话框中选择"常规"选项卡的"ActionScript 2.0"选项，单击"确定"按钮，新建一个影片文档，如图 7-116、图 7-117 所示。

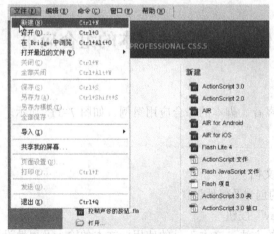

图 7-116　选择"文件"菜单中的"新建"命令

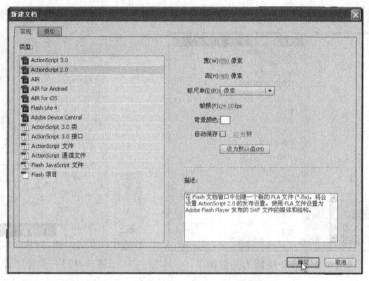

图 7-117　"新建文档"对话框

步骤 2：制作"play"按钮

（1）选择"插入"菜单中的"新建元件"命令，新建一个名称为 play，按钮类型的元件，如图 7-118 所示。选择"文本工具"并设置属性，"系列"为 Arial，"颜色"为红色，在舞台上输入内容"play"，如图 7-119～图 7-121 所示。在图层 1 的第 2 帧插入关键帧，选中文本内容，"样式"设置为加粗，如图 7-122、图 7-123 所示。在第 3 帧插入关键帧，去掉文字加粗效果，如图 7-124、图 7-125 所示。在第 4 帧插入关键帧，绘制一个衬托内容的黑色矩形框，如图 7-126、图 7-127 所示。

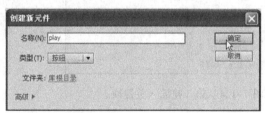

图 7-118　创建新元件

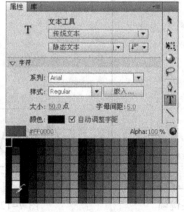

图 7-119　选择"文本工具"　　　　图 7-120　设置颜色　　　　图 7-121　输入内容"play"

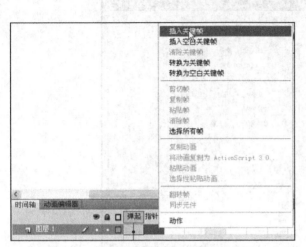

图 7-122　"图层 1"第 2 帧插入关键帧

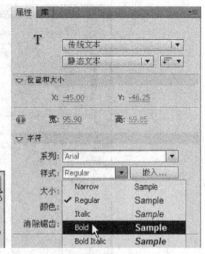

图 7-123　设置"样式"属性

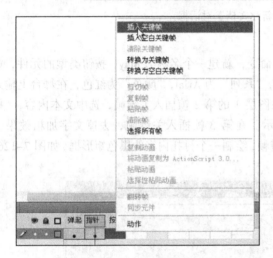

图 7-124　第 3 帧插入关键帧

图 7-125　去掉文字加粗效果

图 7-126　第 4 帧插入关键帧

图 7-127　绘制黑色矩形框

（2）在"时间轴"面板左下角添加"图层 2"，在图层 2 的第 2 帧插入关键帧，该帧上导入素材声音。选择"文件"菜单中的"导入" | "导入到库"命令，导入一个声音文件，如图 7-128～图 7-131 所示。回到"库"面板中选中该声音文件，并将其拖动到舞台上，如图 7-132 所示。然后选中图层 2 的第 2 帧，单击"选择工具"，将属性中"同步"设置为事件，如图 7-133、图 7-134 所示。删除该层第 3 帧和第 4 帧，如图 7-135 所示。

图 7-128　新建"图层 2"

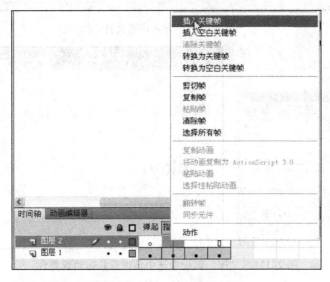

图 7-129　第 2 帧插入关键帧

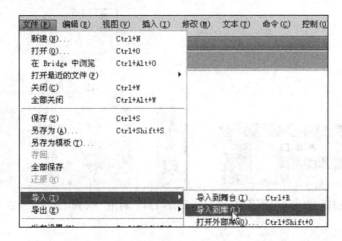

图 7-130　选择"文件"菜单中的"导入" | "导入到库"命令

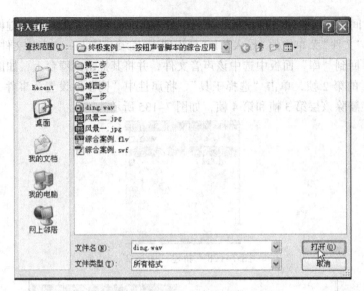

图 7-131　导入声音文件

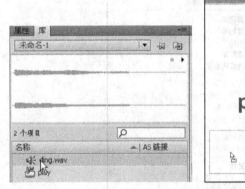

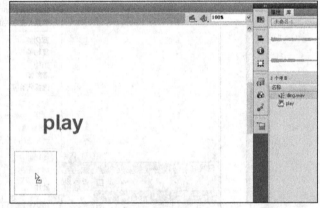

图 7-132　"库"面板中选中该声音并拖动到舞台

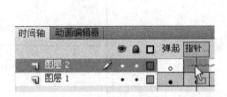

图 7-133　选择"图层 2"第 2 帧　　　　图 7-134　利用"选择工具",设置"同步"属性

图 7-135　删除该层第 3 帧和第 4 帧

步骤 3：制作"风景一"按钮

（1）同"play"按钮制作流程，制作按钮"风景一"。选择"插入"菜单中的"新建元件"命令，新建一个名称为"风景一"，按钮类型的元件，单击"确定"按钮，如图 7-136 所示。选择"文本工具"并设置属性，"系列"为黑体，"颜色"为红色，在舞台上输入文字"风景一"，如图 7-137～图 7-139 所示。利用"选择工具"选中该文字，在图层 1 的第 2 帧插入关键帧，选择"文本"菜单中的"样式"为仿粗体，如图 7-140、图 7-141 所示。在第 3 帧插入关键帧，再去掉文字的仿粗体效果，如图 7-142、图 7-143 所示。在第 4 帧插入关键帧，绘制一个衬托文字的黑色矩形框，如图 7-144、图 7-145 所示。

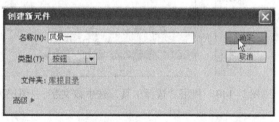

图 7-136　创建新元件

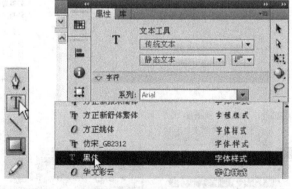

图 7-137　选择"文本工具"并设置"系列"属性

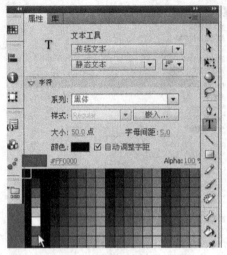

图 7-138 设置"颜色"属性

图 7-139 输入文字"风景一"

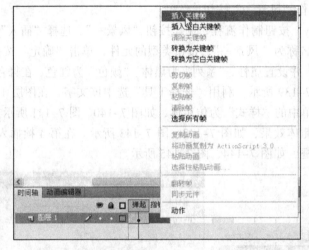

图 7-140 利用"选择工具"选中该文字,"图层 1"第 2 帧插入关键帧

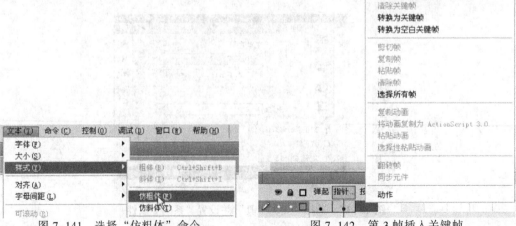

图 7-141 选择"仿粗体"命令

图 7-142 第 3 帧插入关键帧

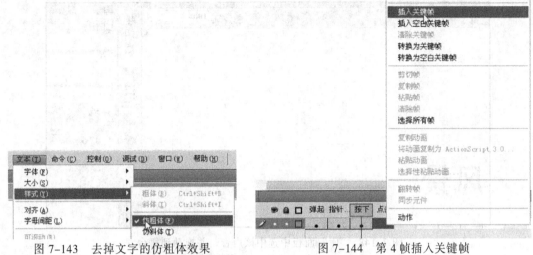

图 7-143　去掉文字的仿粗体效果　　　　图 7-144　第 4 帧插入关键帧

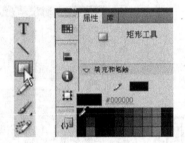

图 7-145　绘制黑色矩形框

（2）单击"时间轴"面板左下角"新建图层"按钮，添加"图层 2"，在"图层 2"的第 2
帧插入关键帧，该帧上导入素材声音。回到"库"面板中，选中已导入到库中的素材声音并
将其拖动到舞台上，如图 7-146～图 7-148 所示。单击"选择工具"，然后选中"图层 2"的
第 2 帧，将属性中"同步"设置为事件，如图 7-149、图 7-150 所示。删除该层第 3 帧和第 4
帧，如图 7-151 所示。

图 7-146　新建"图层 2"　　　　　　　图 7-147　"图层 2"第 2 帧插入关键帧

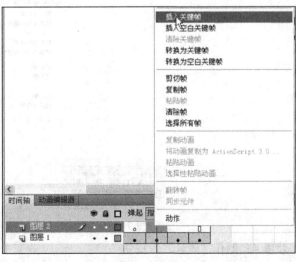

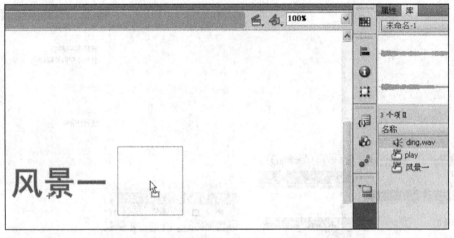

图 7-148 "库"面板中选中该声音，并拖动到舞台

图 7-149 利用"选择工具"，
选中"图层 2"第 2 帧

图 7-150 利用"选择工具"，
设置"同步"属性

图 7-151 删除该层第 3 帧和第 4 帧

步骤 4：制作"风景二"按钮

（1）同"风景一"按钮制作流程，制作按钮"风景二"。选择"插入"菜单中的"新建元件"

命令，新建一个名称为"风景二"，按钮类型的元件，如图 7-152 所示。选择"文本工具"并设置属性，"系列"为黑体，"颜色"为红色，在舞台上输入文字"风景二"，如图 7-153、图 7-154 所示。利用"选择工具"选中该文字，在"图层 1"第 2 帧插入关键帧，选择"文本"菜单中的"样式"为仿粗体，如图 7-155、图 7-156 所示。在第 3 帧插入关键帧，再去掉文字的仿粗体效果，如图 7-157、图 7-158 所示。在第 4 帧插入关键帧，绘制一个衬托文字的黑色矩形框，如图 7-159、图 7-160 所示。

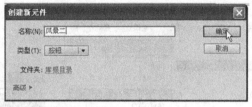

图 7-152　创建新元件

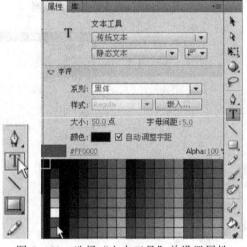

图 7-153　选择"文本工具"并设置属性

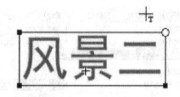

图 7-154　输入文字"风景二"

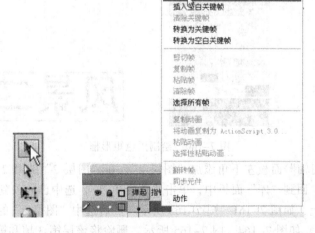

图 7-155　利用"选择工具"选中该文字，图层 1 第 2 帧插入关键帧

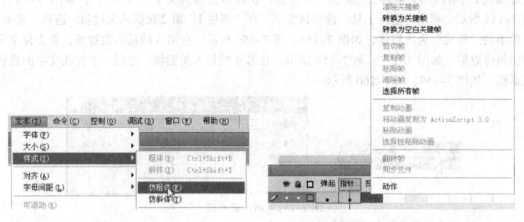

图 7-156 选择"仿粗体"　　　　　　　图 7-157 第 3 帧插入关键帧

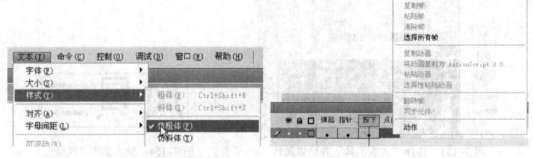

图 7-158 去掉文字的仿粗体效果　　　　图 7-159 第 4 帧插入关键帧

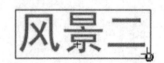

图 7-160 绘制黑色矩形框

（2）单击"时间轴"面板左下角添加"图层 2"，在"图层 2"的第 2 帧插入关键帧，该帧上导入素材声音。回到"库"面板中，单击"选择工具"，选中已导入到库中的素材声音并将该其拖动到舞台上，如图 7-161～图 7-163 所示。然后选中"图层 2"的第 2 帧，将属性中"同步"设置为事件，如图 7-164、图 7-165 所示。删除将该层第 3 帧和第 4 帧，如图 7-166 所示。

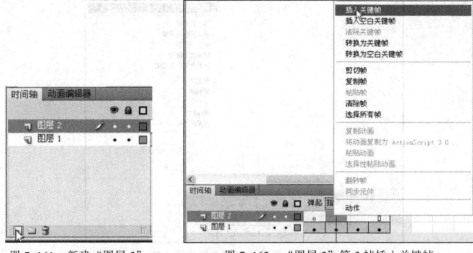

图 7-161　新建"图层 2"　　　图 7-162　"图层 2"第 2 帧插入关键帧

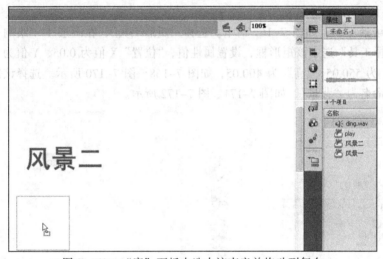

图 7-163　"库"面板中选中该声音并拖动到舞台

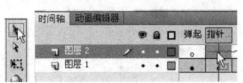

图 7-164　利用"选择工具"选中"图层 2"第 2 帧　图 7-165　利用"选择工具",设置"同步"属性

图 7-166　删除该层第 3 帧和第 4 帧

步骤 5：设置场景动画

（1）回到场景 1 中，如图 7-167 所示。选择"矩形工具"，在图层 1 中绘制一个黑色矩形框，利用"选择工具"选中该矩形框，设置属性值，"位置" X 值为 0.05，Y 值为 0.05，"笔触"为黑色，"宽"为 550.05，"高"为 400.05，如图 7-168～图 7-170 所示。选择该矩形将其转换为图形元件，命名为"背景"，如图 7-171、图 7-172 所示。

图 7-167　回到场景 1　　　　　图 7-168　选择"矩形工具"，绘制黑色矩形框

图 7-169　利用"选择工具"，选中矩形框　　　图 7-170　设置相关属性

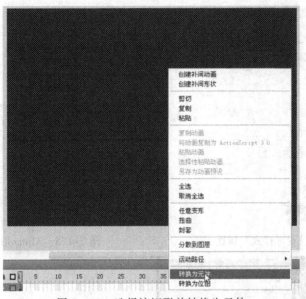

图 7-171　选择该矩形并转换为元件

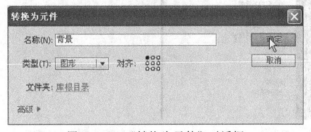

图 7-172　"转换为元件"对话框

（2）在第 5 帧插入关键帧，选择背景实例，在"属性"面板中选择"样式"为 Alpha，将 Alpha 值调整为 0，并在"图层 1"的第 1 至 5 帧任一位置创建传统补间动画，形成背景的渐隐效果，如图 7-173～图 7-176 所示。右击第 5 帧选择"动作"命令，为该帧添加"stop（）"动作并关闭该窗口，锁定"图层 1"，如图 7-177～图 7-179 所示。

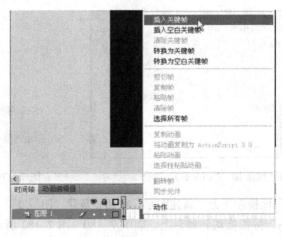

图 7-173　第 5 帧插入关键帧

图 7-174 设置"样式"属性

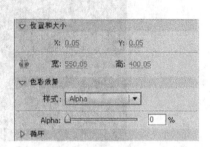

图 7-175 Alpha 值调整为 0

图 7-176 创建传统补间动画

图 1-177 第 5 帧右击选择"动作"命令

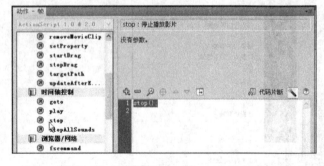

图 7-178 为该帧添加 "stop ( )"动作

图 7-179 锁定"图层 1"

（3）单击"时间轴"面板左下方"新建图层"按钮，新建"图层 2"，选中图层 2 的第 1 帧，将"库"面板中的"play"按钮拖动到舞台上，如图 7-180～图 7-182 所示。在第 1 帧上右击打开"动作"面板，设置帧动作为"stop ( )"，如图 7-183、图 7-184 所示。在"play"按钮上右击，在弹出的快捷菜单中选择"动作"命令，打开"动作"面板，选择"全局函数"中"影片剪辑控制"的 on 函数，再选择"时间轴控制"的 play 函数，为按钮设置动作，如图 7–185～图 7–187 所示。选中并删除该层的第 2 至 5 帧，如图 7–188 所示。

图 7–180　新建"图层 2"

图 7–181　选中"图层 2"第 1 帧

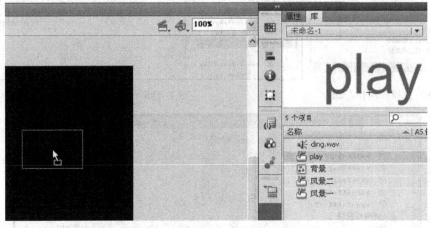

图 7–182　将"库"面板中的"play"按钮拖动到舞台

图 7–183　第 1 帧上右击打开"动作"面板

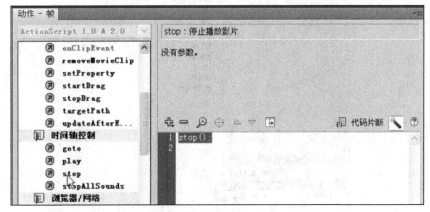

图 7–184　设置帧动作为"stop（）"

图 7-185　选择"动作"命令

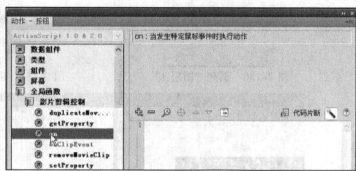

图 7-186　选择 on 函数

图 7-187　选择"时间轴控制"的 play 函数

图 7-188　选中并删除第 2～5 帧

（4）单击"时间轴"面板左下角的"新建图层"按钮，新建"图层3"，在该层第5帧插入关键帧，并将"风景一"和"风景二"按钮拖动到该帧，如图7-189～图7-191所示。在"风景一"按钮上右击，在弹出的快捷菜单中选择"动作"命令，打开"动作"面板，选择on函数，再选择goto函数，选中"转到并停止"复选框，"帧"值为6，如图7-192～图7-195所示。同样的方法，在"风景二"按钮上右击，打开"动作"面板，选择on函数，再选择goto函数，选中"转到并停止"复选框，"帧"值为7，如图7-196～图7-199所示。然后在该层的第7帧插入帧，如图7-200所示。

图7-189 新建"图层3"

图7-190 第5帧插入关键帧

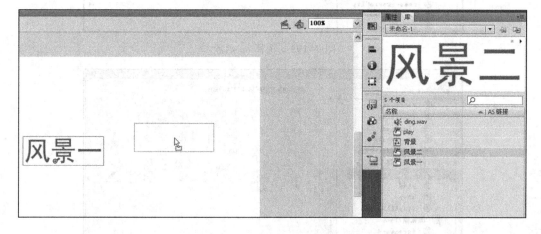

图7-191 将"风景一""风景二"按钮拖动到该帧

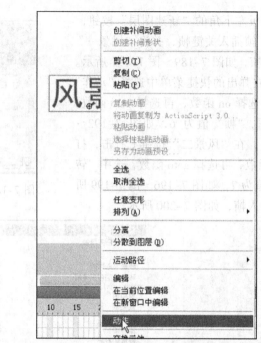

图 7-192　"风景一"上右击选择快捷菜单中的"动作"命令

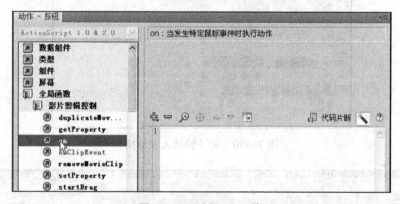

图 7-193　选择 on 函数

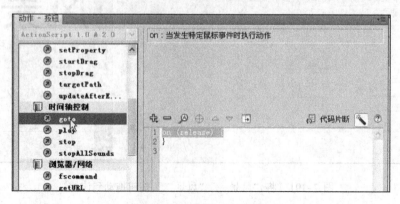

图 7-194　选择 goto 函数

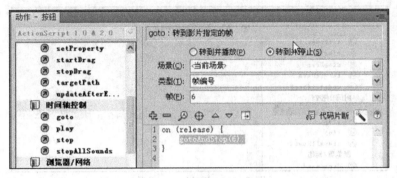

图 7-195 设置相关属性

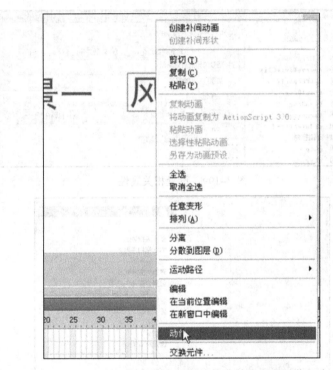

图 7-196 "风景二"上右击选择快捷菜单中的"动作"命令

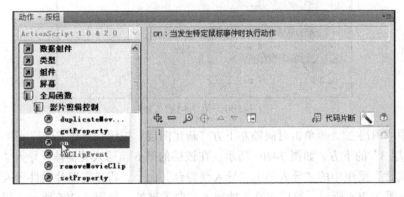

图 7-197 选择 on 函数

图 7-198　选择 goto 函数

图 7-199　设置相关属性

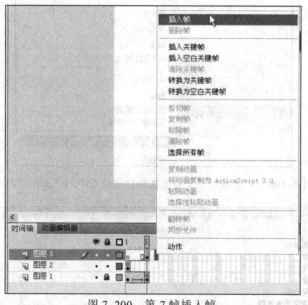

图 7-200　第 7 帧插入帧

（5）选中"图层 2"，再单击时间轴左下方"新建图层"按钮，新建"图层 4"，这样"图层 4"置于"图层 3"的下方，如图 7-201 所示。在该层的第 6 帧插入关键帧，导入"风景一"素材，选择"文件"菜单中的"导入"｜"导入到舞台"命令，将指定图片文件导入到舞台中，如图 7-202～图 7-204 所示。然后在第 7 帧插入空白关键帧，如图 7-205 所示。用同样的方法导入"风景二"的素材，如图 7-206、图 7-207 所示。

图 7-201 新建"图层 4"

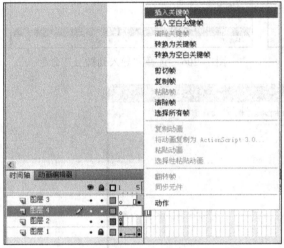

图 7-202 "图层 4"的第 6 帧插入关键帧

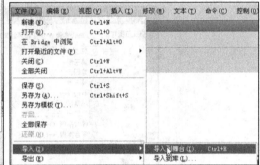

图 7-203 选择"导入到舞台"命令

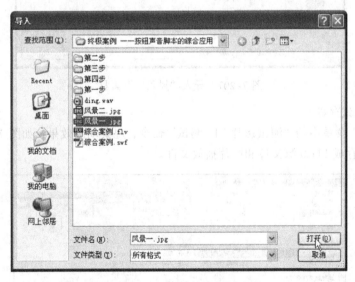

图 7-204 导入"风景一"素材

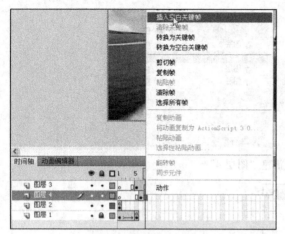

图 7-205　第 7 帧插入空白关键帧

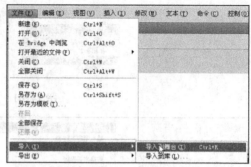

图 7-206　选择"导入到舞台"命令

图 7-207　导入"风景二"素材

步骤 6：测试存盘

选择"控制"菜单中的"测试影片"|"测试"命令，观察动画效果，如图 7-208、图 7-209 所示。将动画保存成 Flash 源文件和影片播放文件。

图 7-208　选择"控制"菜单中的"测试影片"|"测试"命令

图 7-209　动画效果

本章小结

通过本章的学习和练习，读者掌握了按钮、声音和脚本的基本应用。声音是制作 Flash 常用的素材，按钮是控制影片常用的元件，结合脚本，实现对动画的各种控制，功能十分强大，其中脚本的编写需要具备一定的编程基础，只有经常编写代码，才能熟练应用。

拓展练习

按钮和脚本是 Flash 交互设计应用的灵魂，读者可以利用学到的知识实现控制两段动画播放的效果。提示：制作片头背景；制作两个按钮；制作两段动画；为两个按钮添加控制代码，跳到两段动画的起始帧；实现控制两段动画的播放。

→ 综合应用

学习目标

- 熟练掌握前 7 章所学的内容；
- 理解并分析动画作品的制作方法及流程；
- 熟练应用所学知识制作相关主题的动画作品。

8.1　实例一：奋发图强

8.1.1　主题内容

用毛笔在画卷上写下"奋发图强"四个字。

8.1.2　任务分析

"奋发图强"动画主要分为 4 个部分。

（1）"文字"涉及的知识点：逐帧动画的文字制作方法（第 2 章）。

（2）"画布"涉及的知识点：形状补间动画的制作方法（第 3 章）。

（3）"画轴"涉及的知识点：动作补间动画的制作方法（第 4 章）。

（4）"毛笔"涉及的知识点：引导线动画的制作方法（第 6 章）。

8.1.3　实现步骤

（1）启动 Flash CS5，选择"文件"菜单中的"新建"命令，在弹出的对话框中选择"模版"选项卡，双击"800×480 空白"选项，如图 8-1 所示，新建空白文档。

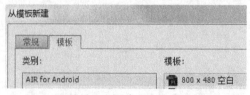

图 8-1　新建空白文档

（2）选择"插入"菜单中的"新建元件"命令，在弹出对话框的"类型"下拉列表框中选择"图形"，"名称"改为"毛笔"，如图 8-2 所示。首先，用"矩形工具"画出笔杆，填充线性渐变，再用"矩形工具"绘制笔头，用"移动工具"将笔头调整到合适位置，填充黑白渐变；最后，用"圆形工具"制作笔帽，用"移动工具"调整好后放到合适的位置上，如图 8-3 所示。

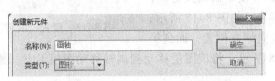

图 8-2　新建元件 　　　　　　　　　　　　　图 8-3　毛笔

（3）选择"插入"菜单中的"新建元件"命令，在弹出对话框的"类型"下拉列表框中选择"图形"，"名称"改为"画轴"，如图 8-4 所示。首先，用"矩形工具"画出画轴杆，用"移动工具"调整填充线性渐变，再用"矩形工具"绘制画轴头并放在合适位置，如图 8-5 所示。

图 8-4　新建"画轴"元件 　　　　　　　　　图 8-5　画轴

（4）选择"插入"菜单中的"新建元件"命令，在弹出对话框的"类型"下拉列表框中选择"图形"，"名称"改为"双画轴"，如图 8-6 所示；将"库"中的画轴拖动到舞台做双画轴，如图 8-7 所示。

图 8-6　新建"双画轴"元件 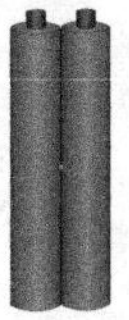　　　　　　　　图 8-7　双画轴

（5）选择"插入"菜单中的"新建元件"命令，在弹出对话框的"类型"下拉列表框中选择"图形"，"名称"改为"笔架"，如图 8-8 所示；用"矩形工具"画出笔架，用"移动工具"调整位置，如图 8-9 所示。

图 8-8　新建元件　　　　　　　　　　　　图 8-9　笔架

（6）回到场景中，将"图层 1"改为"画轴"，将"库"中的"双画轴"移动到舞台外调整大小和位置，如图 8-10 所示；在第 15 帧处插入关键帧，把画轴移动到舞台中央，如图 8-11 所示；回到第 1 帧创建补间动画，在帧中加入"旋转"属性，如图 8-12 所示。

图 8-10　调整画轴　　　　　　　　　　　图 8-11　画轴放到中央

（7）新建图层并命名为"画轴左"，在第 16 帧处插入关键帧，将"库"中的单画轴移动到舞台中央左画轴所在位置，如图 8-13 所示；在第 45 帧处插入关键帧，并把画轴移动到舞台的左侧，如图 8-14 所示；回到第 16 帧创建补间动画。

（8）新建图层并命名为"画轴右"，在第 16 帧处插入关键帧，将"库"中的单画轴移动到舞台中央右画轴所在位置，如图 8-15 所示；在第 45 帧处插入关键帧，并把画轴移动到舞台的右侧，如图 8-16 所示；回到第 16 帧创建补间动画。

（9）新建图层改为"画布"，在第 16 帧处插入关键帧，用"矩形工具"画出画布并填充相应颜色，如图 8-17 所示；在第 45 帧处插入关键帧，调整画布横向缩放位置，回到第 16 帧处创建形状补间动画，如图 8-18 所示；将该图层移动到画轴移动图层下方，如图 8-19 所示。

图 8-12　设置"旋转"属性

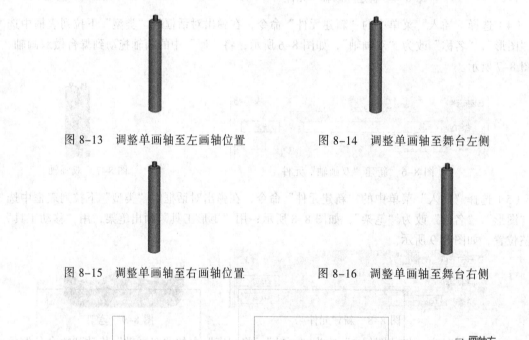

图 8-13　调整单画轴至左画轴位置　　　图 8-14　调整单画轴至舞台左侧

图 8-15　调整单画轴至右画轴位置　　　图 8-16　调整单画轴至舞台右侧

图 8-17　调整画布　　　图 8-18　制作画布渐变　　　图 8-19　调整画布图层

（10）新建图层并命名为"文字"，在第 45 帧处插入关键帧，输入文字"奋发图强"，按【Ctrl+B】组合键打散，如图 8-20 所示；在第 110 帧处插入关键帧，把第 45 帧到第 110 帧全部选中，右击转换为关键帧；回到第 45 帧，把"奋"字第一笔画留下其于全部删除掉，如图 8-21 所示；单击第 46 帧，把第二笔画留下，其余删除，制做文字书写的逐帧动画，如图 8-22 所示，以此类推到第 110 帧，把所有文字写完。

图 8-20 输入文字　　　　　图 8-21 删除其他字　　　　　图 8-22 制作帧动画

（11）新建图层并命名为"笔架"，将图层移动到最下方，如图 8-23 所示；把"笔架"元件拖动到舞台的相应位置，如图 8-24 所示。

图 8-23 放到图层最下方　　　　　　　　图 8-24 调整笔架位置

（12）新建图层并命名为"毛笔"，将图层移动最上方，如图 8-25 所示。将毛笔位置调整放在笔架上，在第 35 帧和第 45 帧插入关键帧，将毛笔位置调整放到"奋"字的第一笔上，回到第 35 帧创建传统补间动画，第一字结束帧上插入关键帧，将毛笔移动到最后一笔上面，右击"毛笔"图层，创建"毛笔"的引导层；在第 45 帧处插入关键帧，按"奋"字笔画顺序绘制引导线（不要断开），并将起始笔和结束笔放到引导线上起始点和终点的位置，如图 8-26 所示。以此类推，将其余的字按照笔顺制作引导线和动画（注意：由于字笔画多少不同，按笔画来做逐帧动画）；写完最后一字后将毛笔移出舞台，如图 8-27 所示。

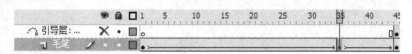

图 8-25 "毛笔"图层位置

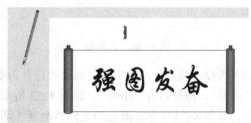

图 8-26 制作引导动画　　　　　　　　图 8-27 毛笔移出舞台

8.2　实例二：电子贺卡

8.2.1　主题内容

制作教师节的礼物：电子贺卡。

8.2.2　任务分析

通过图形工具、画笔工具、填充渐变工具来制作电子贺卡，主要分为 3 个部分。

（1）"小草、花茎、花叶和花朵"涉及的知识点：形状补间动画的制作方法（第 3 章）。

（2）"文字"涉及的知识点：遮罩动画的制作方法（第 5 章）。

（3）"遮罩物"涉及的知识点：动作补间动画的制作方法（第 4 章）。

8.2.3　实现步骤

（1）启动 Flash CS5，选择"文件"菜单中的"新建"命令，在弹出的对话框中选择"模版"选项卡，双击"800×480 空白"选项，新建空白文档，如图 8-28 所示。

（2）选择"插入"菜单中的"新建元件"命令，在弹出的对话框中的"类型"下拉列表框选择"图形"，图形名为"背景"，如图 8-29 所示。用"矩形工具"画出舞台大小矩形框，如图 8-30 所示。颜色填充为蓝白线性渐变，并做适当调整，如图 8-31 所示。

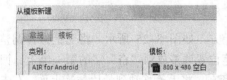

图 8-28　新建空白文档　　　　　　　图 8-29　新建"背景"元件

图 8-30　矩形框　　　　　　　　　　图 8-31　设置渐变色

（3）选择"插入"菜单中的"新建元件"命令，在弹出的对话框中的"类型"下拉列表框选择"图形"，图形名为"小草"，如图 8-32 所示。用"矩形工具"画出小草，用"移动工具"做调整，如图 8-33 所示。颜色填充线性渐变（渐绿、绿），如图 8-34 所示。

（4）选择"插入"菜单中的"新建元件"命令，在弹出的对话框中的"类型"下拉列表框选择"图形"，图形名为"小草 1"，如图 8-35 所示。其他设置同"小草"元件，效果如图 8-36 所示。

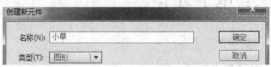

图 8-32　新建"小草"元件

图 8-33 小草

图 8-34 设置小草渐变色

图 8-35 新建"小草 1"元件

图 8-36 小草 1

（5）选择"插入"菜单中的"新建元件"命令，在弹出的对话框中的"类型"下拉列表框选择"图形"，图形名为"花盆"，如图 8-37 所示。用"矩形工具"和"圆形工具"制作花盆，如图 8-38 所示。

图 8-37 新建"花盆"元件

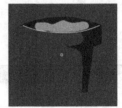

图 8-38 花盆

（6）选择"插入"菜单中的"新建元件"命令，在弹出的对话框中的"类型"下拉列表框选择"图形"，图形名为"太阳"，如图 8-39 所示。用"圆形工具""多边形工具"和"移动工具"制作太阳，如图 8-40 所示。

图 8-39 新建"太阳"元件

图 8-40 太阳

（7）选择"插入"菜单中的"新建元件"命令，在弹出的对话框中的"类型"下拉列表框选择"图形"，图形名为"花茎"，如图 8-41 所示。用"矩形工具"和"移动工具"制作花茎，如图 8-42 所示。

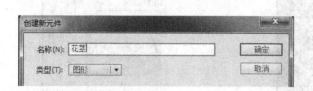

图 8-41　新建"花茎"元件　　　　　图 8-42　花茎

（8）选择"插入"菜单中的"新建元件"命令，在弹出的对话框中的"类型"下拉列表框选择"图形"，图形名为"花叶"，如图 8-43 所示。用"圆形工具"和"移动工具"制作花叶，如图 8-44 所示。

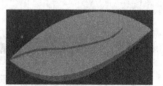

图 8-43　新建"花叶"元件　　　　　图 8-44　花叶

（9）选择"插入"菜单中的"新建元件"命令，在弹出的对话框中的"类型"下拉列表框选择"图形"，图形名为"花"，如图 8-45 所示。用"圆形工具"和"移动工具"制作花，如图 8-46 所示。

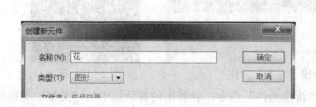

图 8-45　新建"花"元件　　　　　图 8-46　花朵

（10）选择"插入"菜单中的"新建元件"命令，在弹出的对话框中的"类型"下拉列表框选择"影片剪辑"，影片名为"小草活动 1"，如图 8-47 所示。回到"库"面板中，将"小草"拖到舞台中间，在第 10 帧和第 20 帧插入关键帧，如图 8-48 所示。在第 10 帧将小草移动位置，如图 8-49 所示。分别在第 1 帧和第 10 帧创建补间动画，如图 8-50 所示。

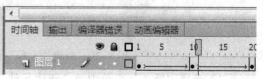

图 8-47　新建"小草活动 1"元件　　　　　图 8-48　小草动画

图 8-49 移动小草动画　　　　　　图 8-50 小草动画

（11）选择"插入"菜单中的"新建元件"命令，在弹出的对话框中的"类型"下拉列表框选择"影片剪辑"，影片名为"小草活动 2"，如图 8-51 所示。回到"库"面板中，将"小草 1"拖到舞台中间，在第 10 帧和第 20 帧插入关键帧。在第 10 帧将小草移动位置，分别在第 1 帧和第 10 帧创建补间动画，如图 8-52 所示。

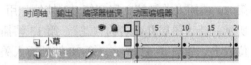

图 8-51 新建"小草活动 2"元件　　　　图 8-52 创建补间动画

（12）选择"插入"菜单中的"新建元件"命令，在弹出的对话框中的"类型"下拉列表框选择"影片剪辑"，影片名为"小草活动 3"。回到"库"面板，将小草 1 拖到舞台中间。在第 10 帧和第 20 帧插入关键帧，第 10 帧将小草移动位置。分别在第 1 帧和第 10 帧创建补间动画，制作方法同第 11 步。新建图层把"小草"拖到舞台相应位置与"小草 1"根部重合，如图 8-53 所示。在第 10 帧和第 20 帧插入关键帧，在第 10 帧将小草移动位置。分别在第 1 帧和第 10 帧创建补间动画。

（13）选择"插入"菜单中的"新建元件"命令，在弹出的对话框中的"类型"下拉列表框选择"影片剪辑"，影片名为"花运动"，如图 8-54 所示。回到"库"面板中，将"花"拖动到舞台中央。在第 10 帧和 20 帧插入关键帧，如图 8-55 所示。在第 10 帧处用"变形工具"旋转任意角度，如图 8-56 所示。第 1 帧和 10 帧创建补间动画，如图 8-57 所示。

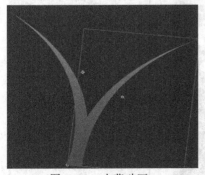

图 8-53 小草动画　　　　　　　图 8-54 新建"花运动"元件

图 8-55　插入关键帧　　　　　　　图 8-56　旋转角度　　　图 8-57　花朵动画

（14）选择"插入"菜单中的"新建元件"命令，在弹出的对话框中的"类型"下拉列表框选择"影片剪辑"，影片名为"花的生长"。回到"库"面板中，将"花茎"拖到舞台中央，如图 8-58 所示，第 10 帧插入关键帧，第 20 帧插入关键帧，第 1 帧处用"变形工具"将"花茎"缩小并创建补间动画，如图 8-59 所示。新建图层并命名为"叶左"，第 10 帧插入关键帧，回到"库"面板中，将"花叶"拖到花茎相应位置上，如图 8-60 所示；第 20 帧插入关键帧，回到第 10 帧处，用"变形工具"使叶缩小并创建补间动画，如图 8-59 所示。新建图层为"叶右"，第 10 帧插入关键帧，回到"库"面板中，将"花叶"拖到花茎相应位置上，如图 8-61 所示，第 20 帧插入关键帧，回到第 10 帧处，用"变形工具"使叶缩小并创建补间动画，如图 8-59 所示。新建图层并命名为"花"，第 13 帧插入关键帧，回到"库"面板中，将"花"拖到相应位置上，如图 8-62 所示，第 20 帧处插入关键帧，回到第 13 帧，单击"花"，在"属性"面板中选择"样式"为 Alpha，并设置为 0，创建补间动画，如图 8-63 所示；回到第 20 帧，并设置帧动作"Stop"，如图 8-64 所示。花的完整生长动画如图 8-65 所示。

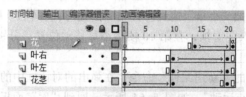

图 8-58　花茎　　　　　　图 8-59　花叶生长图层　　　　　　图 8-60　花茎左叶

图 8-61　花茎右叶　　　　　　图 8-62　花　　　　　　图 8-63　调整样式

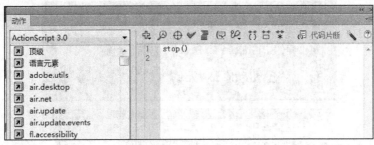

图 8-64 添加帧动作

图 8-65 花的生长动画

（15）选择"插入"菜单中的"新建元件"命令，在弹出的对话框中的"类型"下拉列表选择"影片剪辑"，影片名为"字"，如图 8-66 所示。新建图层 1，并重新命名为"文字 1"，如图 8-67 所示；在"文字 1"图层中输入文字，如图 8-68 所示，在第 40 帧插入关键帧。在"文字 1"图层的上方，新建"文字 1 遮罩"图层为"文字 1"图层的遮罩层，如图 8-69 所示；用"矩形工具"在第 1 帧画矩形框放到文字上方，如图 8-70 所示；在第 15 帧插入关键帧，用"变形工具"把矩形框变宽遮住所有文字，如图 8-71 所示；回到第 1 帧处创建补间形状，并在第 30 帧插入关键帧，如图 8-69 所示；把第 40 帧矩形框调整到文字下方，如图 8-72 所示；在第 30 帧创建补间形状，如图 8-69 所示。新建图层并重新命名为"文字 2"，如图 8-73 所示；在第 40 帧插入关键帧，再次输入文字"老师辛苦了"，如图 8-74 所示；第 50 帧插入关键帧，把第 40 帧文字用"变形工具"缩小并创建补间动画，如图 8-75 所示；设置帧动作"Stop（）"，如图 8-76 所示。文字变化的完整动画如图 8-77、图 8-78 所示。

图 8-66 新建"字"元件

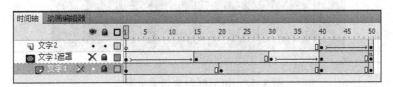

图 8-67 "文字 1"图层

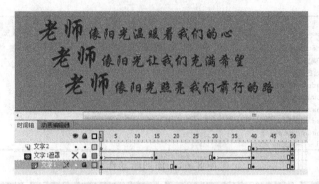

图 8-68　图层"文字 1"的内容

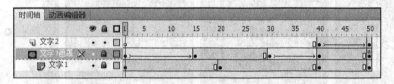

图 8-69　"文字 1 遮罩"图层

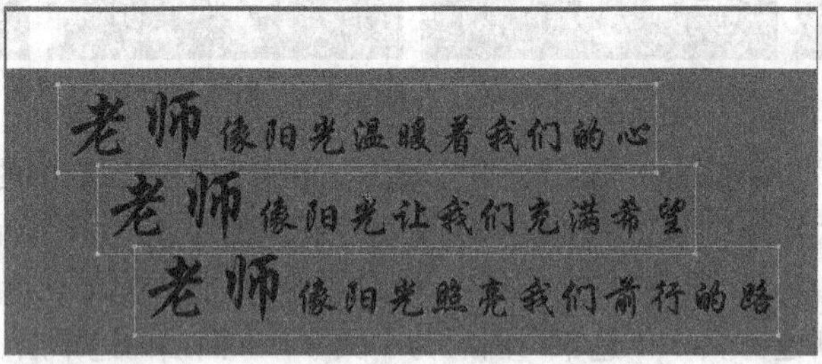

图 8-70　添加文字遮罩

图 8-71　矩形框遮住文字

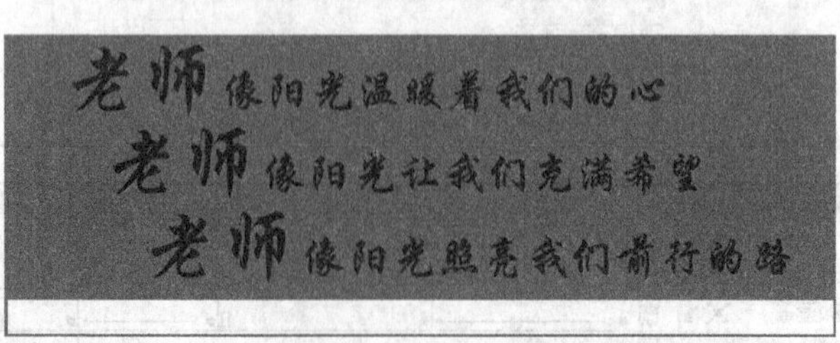

图 8-72　矩形框调整到文字下方

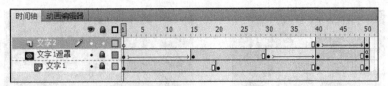

图 8-73 "文字 2"图层

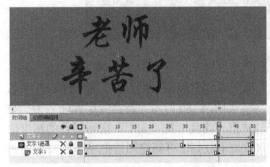

图 8-74 图层"文字 2"的内容

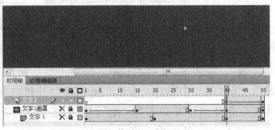

图 8-75 文字动画

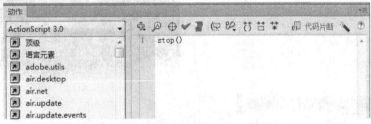

图 8-76 文字动画添加动作

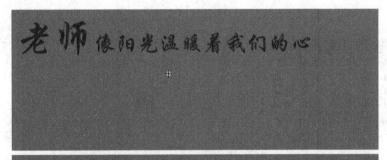

图 8-77 文字动画（1）

图 8-78 文字动画（2）

（16）回到"场景"中，将"库"中的"背景"拖到舞台中央合适位置上。新建图层并命名为"云"，如图 8-79 所示；用"圆形工具"制作云朵，如图 8-80 所示。新建图层并命名为"小草"，将"库"中影片"小草"拖到舞台并排放好，并把"花盆"及"太阳"拖到舞台的相应位置上。新建图层并命名为"花"，把花拖到舞台花盆位置上放好。再新建图层把字拖到舞台的相应位置上，如图 8-81、图 8-82 所示。

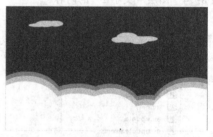

图 8-79 新建图层

图 8-80 制作云朵

图 8-81 新建各图层

图 8-82 把相应影片元件放到舞台中

8.3 实例三：动感相册

8.3.1 主题内容

根据所给素材制作动感相册。

8.3.2 任务分析

"动感相册"动画主要分为 3 个部分。

（1）"星光"涉及的知识点：形状补间动画的制作方法（第 3 章）。

（2）"遮罩相册"涉及的知识点：遮罩动画的制作方法（第 5 章）。

（3）"按钮"涉及的知识点：按钮动画的制作方法和按钮动作的设置（第 7 章）。

8.3.3　实现步骤

（1）启动 Flash CS5，选择"文件"菜单中的"新建文件"命令，在弹出的对话框中选择"常规"选项卡，设置宽 800 像素，高 600 像素，如图 8-83 所示。

图 8-83　新建文档

（2）选择"文件"菜单中的"导入"|"导入到库"命令，选中素材导入库中，如图 8-84 所示。

图 8-84　导入图片到库

（3）选择"插入"菜单中的"新建元件"命令，在弹出对话框的"类型"下拉列框中选择"图形"，命名为"星光 1"，用"圆形工具"制作星光，如图 8-85 所示。

（4）选择"插入"菜单中的"新建元件"命令，在弹出对话框的"类型"下拉列表框中选择"图形"，命名为"星光 2"，用"圆形工具"制作星光晕影，如图 8-86 所示。用"渐变工具"填充径向渐变，颜色设置从白色到透明，如图 8-87 所示。

图 8-85　星光 1

图 8-86　光晕

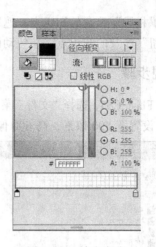

图 8-87　填充渐变

（5）选择"插入"菜单中的"新建元件"命令，在弹出对话框的"类型"下拉列表框中选择"影片"，命名为"星光"，把元件"星光1"和"星光2"拖到舞台中央，分别放到"星光1"和"星光2"图层，如图8-88所示。在第10帧和第20帧插入关键帧，并在第1帧和第20帧设置Alpha值为20%，如图8-89所示。然后创建补间动画。

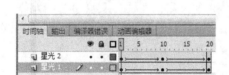

图 8-88　建立图层"星光1"和"星光2"

图 8-89　调整 Alpha 值

（6）选择"插入"菜单中的"新建元件"命令，在弹出对话框的"类型"下拉列表框中选择"按钮"，命名为"首页"，如图8-90所示。在"弹起"帧输入文字"首页"，如图8-91所示；设置字体及颜色，如图8-92所示；分别在"指针经过""按下"帧插入关键帧，如图8-93所示；设置"指针经过"帧的字体颜色与"弹起"帧字体颜色不同，如图8-94所示；在"点击"帧插入关键帧，用"矩形工具"画出矩形框遮住文字，如图8-95所示。

图 8-90　新建"首页"元件

图 8-91　输入文字

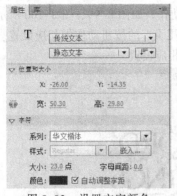

图 8-92 设置文字颜色

图 8-93 插入关键帧

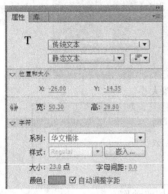

图 8-94 更改文字颜色

图 8-95 矩形框

（7）选择"插入"菜单中的"新建元件"命令，在弹出对话框的"类型"下拉列表框中选择"按钮"，命名为"上一页"，帧的设置同步骤（6）。

（8）选择"插入"菜单中的"新建元件"命令，在弹出对话框的"类型"下拉列表框中选择"按钮"，命名为"下一页"，帧的设置同步骤（6）。

（9）选择"插入"菜单中的"新建元件"命令，在弹出对话框的"类型"下拉列表框中选择"按钮"，命名为"尾页"，帧的设置同步骤（6）。

（10）选择"插入"菜单中的"新建元件"命令，在弹出对话框的"类型"下拉列表框中选择"按钮"，命名为"多点星光"，把影片"星光"拖动到舞台中，如图 8-96 所示。在第 10 帧插入关键帧，将影片"星光"拖动到舞台中，如图 8-97 所示；在第 30 帧插入关键帧，制作星星闪烁动画。

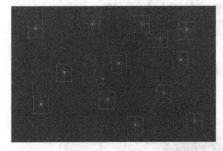

图 8-96 星光

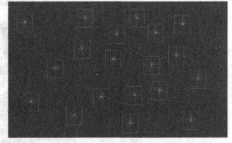

图 8-97 多点星光

（11）将"图层 1"改名为"背景"，回到"库"中，将"指环王 1.jpg"拖动到舞台中央的合适位置，如图 8-98 所示；将按钮"首页""上一页""下一页""尾页"四个按钮分别放到相应位置上。同时设置"下一页"和"尾页"的按钮动作，如图 8-99、图 8-100 所示。在第 2 帧插入关键帧，分别把"首页""上一页""下一页""尾页"的按钮动作做相应设置。在第 3 帧插入关键帧，把"首页"和"上一页"的按钮动作做相应设置。

图 8-98　调整图像大小

图 8-99　"下一页"按钮动作

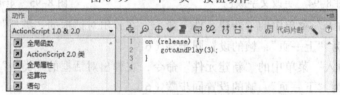

图 8-100　"尾页"按钮动作

（12）新建图层并命名为"相册"，在第 1～3 帧分别插入关键帧，在第 1 帧将"库"中"精灵王子.jpg"拖动到舞台的相应位置，第 2 帧把"指环王 23.jpg"拖动到舞台的相应位置，第 3 帧把"水中倒影.jpg"拖动到舞台的相应位置，如图 8-101 所示；为每帧设置帧动作"stop（ ）"。

图 8-101　相册图片摆放

（13）新建图层并命名为"遮罩"，用"矩形工具"制作矩形框，将"相册"图层的 3 幅图片的相交位置遮住，如图 8-102 所示；设置该图层为遮罩层，如图 8-103 所示。

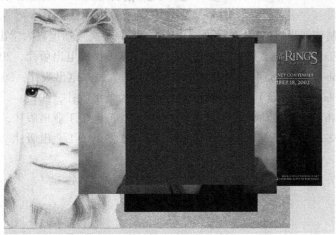

图 8-102　画出矩形

（14）新建图层并命名为"星光"，把"库"中影片"多点星光"拖动到舞台中并调整到合适的位置上，如图 8-104 所示。

图 8-103　设置为遮罩层

图 8-104　多点星光放入舞台

参 考 文 献

[1] Flash 动画制作课程组. Flash 动画制作[M]. 北京:中央广播电视大学出版社，2012.

[2] 易魔方. Flash CS5 中文版入门与提高[M]. 北京:人民邮电出版社，2012.

[3] 薛欣. Adobe Flash CS5 标准培训教材[M]. 北京:人民邮电出版社，2010.

[4] 李敏虹. Flash CS5 入门与提高[M]. 北京:清华大学出版社，2012.

[5] 段欣. Flash CS5 二维动画制作案例教程[M]. 北京:电子工业出版社，2013.

[6] 肖永亮. Flash CS5 二维动画设计与制作[M]. 北京:电子工业出版社，2013.